一茶一食

朱小芳 主编

U0388643

黑龙江科学技术出版社
HEILONGJIANG SCIENCE AND TECHNOLOGY PRESS

图书在版编目（CIP）数据

　　一茶一食 / 朱小芳主编 . -- 哈尔滨：黑龙江科学
技术出版社，2018.9
　　ISBN 978-7-5388-9838-5

　　Ⅰ . ①一… Ⅱ . ①朱… Ⅲ . ①面点－制作　Ⅳ .
① TS972.116

　　中国版本图书馆 CIP 数据核字 (2018) 第 185860 号

一 茶 一 食
YI CHA YI SHI

作　　者	朱小芳
项目总监	薛方闻
责任编辑	徐　洋
策　　划	深圳市金版文化发展股份有限公司
封面设计	深圳市金版文化发展股份有限公司
出　　版	黑龙江科学技术出版社
	地址：哈尔滨市南岗区公安街 70-2 号　邮编：150007
	电话：（0451）53642106　传真：（0451）53642143
	网址：www.lkcbs.cn
发　　行	全国新华书店
印　　刷	深圳市雅佳图印刷有限公司
开　　本	723 mm × 1020 mm　1/16
印　　张	12
字　　数	180 千字
版　　次	2018 年 9 月第 1 版
印　　次	2018 年 9 月第 1 次印刷
书　　号	ISBN 978-7-5388-9838-5
定　　价	39.80 元

目录
CONTENTS

PART 1
简单易做的茶饮

PART 2
百吃不厌的美味茶点

PART 3
轻松愉快的温馨茶会

PART 1
简单易做的茶饮

　　每一道茶，都蕴含着自身独特的香气和味道。想要尽情品尝茶的品质，首先要对茶文化有所了解。本章详细介绍了制茶的器具、泡出好茶的方法及制作花茶、果茶、珍珠奶茶的方法，让你真正了解茶。那就让我们步入茶的世界吧！

茶知识小课堂

茶的起源与文化发展

中国是茶的故乡，茶文化的起源地。在中国，茶已经有四五千年的历史，茶文化可谓源远流长、博大精深。随着各国经济、政治的发展，茶文化开始走向世界各地，并与各地的人文、经济、文化相结合，演变成了具有当地特色的茶文化。

中国茶文化

茶在中国，素有"国饮"之称，具有相当雄厚的文化底蕴。谈起茶文化首先想到的是"神农尝百草"的传说，然而真正有历史记载的应是西汉时期，王褒《僮约》写有"烹茶尽具、武阳买茶"，表明了在西汉时期，饮茶习俗和茶市场已经存在。

在历史上，唐朝是非常繁盛的朝代，经济文化快速发展，茶也发展迅速。唐朝《封氏闻见记》中记载"茶道大行，王公朝士无不饮者"，可见在当时茶道、茶艺已经产生。随着经济的不断发展，茶叶在宋、明、清各朝代也得到迅速发展，利用茶馆休息、谈生意等已经普遍存在。

日本茶文化

中国的茶与茶文化，对日本的影响最为深刻。茶道是日本茶文化中最具典型性的一个内容，而日本茶道的发祥，与中国文化的熏陶息息相关。

茶及茶文化传入日本，主要是以浙江为通道，并以佛教传播为途径而实现的。浙江地处东南沿海，是唐、宋、元各朝代重要的进出口海岸。自唐代至元代，日本遣使和学僧络绎不绝，来到浙江各佛教圣地修行求学，回国时，不仅带去了茶的种植方法、煮泡技艺，还带去了中国传统的茶道文化，使茶道在日本发扬光大，并形成了具有日本民族特色的艺术形式和精神内涵。中国茶文化传到日本后，慢慢被发扬光大成一种仪式，而且冠上了哲学及艺术之名，一个普通的茶仪式可持续4个小时。

韩国茶文化

韩国的茶礼源于中国，是融合禅宗、儒家、道教文化和本地传统礼仪而形成。早在一千多年前的新罗时期，朝廷的宗庙祭礼和佛教仪式中就运用了茶礼。高丽时期，朝廷举办的茶礼有9种之多。在阴历的每月初一、十五等节日和祖先诞辰之时，会在白天举行简单祭礼，有昼茶小盘果、夜茶小盘果等摆茶活动，称之为茶礼。

现代韩国提倡以和、静为根本精神的茶礼，其含义可泛化为"和、敬、俭、真"四个字。韩国的茶礼侧重于礼仪，强调茶的亲和、礼敬、欢快，把茶礼贯彻于各阶层之中，以茶作为团结全民族的力量。所以，茶礼的整个过程，从环境、茶室陈设、书画、茶具造型和排列，到投茶、注茶、茶点、吃茶等均有严格的规范与程序，力求给人以清静、悠闲、高雅、文明之感。

英国茶文化

17世纪初期，欧洲航海家四处探险，这为中国茶与茶文化的传播起到了极大的宣传作用。中国茶在英国最初是在贵族阶层流行起来的，茶是一种与黄金价值等同的高贵的贵族饮品。

18世纪初期，茶开始由贵族阶层走向平民阶层。18世纪上叶，茶在民众之间已经非常受欢迎；18世纪中叶以后，茶已经成为英国人必不可少的消费品。18世纪中叶，英国人喜欢吃丰盛的早餐，简单的午餐，并且较晚吃晚餐。由于中餐和晚餐两餐相隔时间长，中间会感到饥饿，便在下午四五点左右吃甜点、喝茶，午餐后饮茶深受妇女喜爱，并由此发展起来。

俄罗斯茶文化

俄罗斯是从16世纪开始接受中国饮茶法，到17世纪后期，饮茶之风已普及到各个阶层。19世纪，关于俄国茶俗、茶礼、茶会的文学作品也一再出现。

俄罗斯上层社会饮茶是十分考究的，有十分漂亮的茶具，茶碟也很别致。有些人家则喜欢中国的陶瓷茶具，所用茶具式样与中国茶具相仿，花色亦为中国式人物、树木花草，但壶身加入了欧洲特色，瘦劲、高身、金色流线型纹路，是典型的中西合璧作品。

泡茶的器具

想要泡出美味的茶水，就需要准备好泡茶器具。虽然随意使用容器也能泡出茶水，但是要想真正将茶水的品质泡出来，还是要选择适当的茶具。为了能拥有更美好的饮茶时光，下面将具体介绍一些泡茶器具。

常用的茶具

茶壶：将沸水倒入后，会发现茶叶会在茶壶里面上下浮动，这是跳跃运动。跳跃运动可以让茶散发出更美好的味道，用形状较圆的茶壶较为合适。泡茶推荐选用保温性较好的陶瓷茶具，虽然银茶具或者不锈钢茶具等也能泡茶，但是泡出的品质远远没有陶瓷茶具好。

茶杯：茶杯的种类格外多，如果想要茶水的香味充分散发出来，应选用宽一些的茶杯。此外，选择茶杯时，不要选择里面有花纹的，这样在品茶时，才能将茶水的颜色看清，增强饮茶欲望。一般情况下，选择厚度较薄且保温性较

好的陶瓷茶具，但是也要注意根据茶叶的种类来选择，例如冲泡花茶一般采用透明玻璃杯。

茶匙：因其形状像汤匙，所以称茶匙，用于挖取茶壶内泡过的茶叶。茶叶冲泡过后，往往会塞满茶壶，加上一般茶壶的口都不大，用手挖出茶叶既不方便也不卫生，故可使用茶匙。

茶叶过滤网：为了不让茶叶倒入茶杯，会使用茶叶过滤网，可以根据饮茶氛围来挑选不同的茶叶过滤网。

水壶：尽量选择在短时间内可以将水煮沸的，传热效率较高的水壶。此外，尽量不要使用铁制的水壶煮茶，会影响茶的品质。

各种各样的茶壶

紫砂壶：它具有实用性与艺术性相结合的特点，用紫砂壶泡茶能有效防止茶的香味过早散失，可使茶香浓郁持久。

搪瓷茶壶：泡茶叶的时候，可以用来作为烧水壶，壶嘴薄且长，能将茶水均匀倒出。

圆形玻璃茶壶：冲泡茶叶时，能够清楚观察到茶叶的上下浮动，而且可以用来当水壶。

玻璃茶壶：加入过滤网就可以简单地冲泡茶叶，非常方便。不使用过滤网可以当成茶壶。

波纹线条茶壶：一款充满浪漫气息的茶壶，用来装花茶、果茶等都非常漂亮。

不锈钢茶壶：它的壶嘴比较窄，倒茶水时能够很好地调节水流。

花朵茶壶：带有花朵图案的漂亮茶壶，给人一种端庄文雅的感觉，当3～4人一起享用茶水时，可选择花朵茶壶泡茶。

波兰茶壶：它的外观非常漂亮，属于手工陶瓷制品，茶壶上的图案是用手工一个个画上去的，可为茶水增添美感。

子母壶：它是茶和茶壶结合在一起的一体型茶具，非常适合一个人饮茶使用。

哥本哈根茶壶：从外表到色泽都尽显优雅，是丹麦的名牌茶壶，皇家哥本哈根经典的唐草系列。

浪漫茶壶：与白色的茶杯或带有鲜花图案的茶杯非常相配，制作奶茶时使用，会显得很优雅。

泡出好茶的秘诀

泡茶看似简单，但是要想泡出一杯好茶，也需要一定的技巧。茶的味道会因为水的不同、投茶量的多少等因素而发生变化。现在，就来了解一下能让茶香和茶味焕发生机的条件吧。

水的品质直接影响茶的味道

矿物质含量太多，硬度高的水，泡出的茶颜色偏暗、香气不显、口感清爽度低，不适宜泡茶；矿物质含量低的，一般称为软茶水，容易表现茶的本质，是适宜泡茶的用水。此外，选择水中空气含量高的"活水"泡茶，有利于茶香挥发，而且口感上的活性也强。

此外，水中的杂质与含菌量越少泡出来的茶则越好，一般高密度滤水设备都可以将它们隔离，含菌部分还可以利用高温的方法将之消灭。

茶和水的恰当比例

泡茶时，掌握好茶和水的用量比例极为重要。就家庭泡茶而言，用壶冲泡红茶时，最少一壶的投茶量在5克左右。倘若茶叶较少，即便减少冲水量，也不能让红茶的香醇味充分挥发出来。

当然，茶与水的用量比例也是因人而异的，如果口味偏重，可以适量地加大用茶量，泡出一杯浓茶；如果口味偏淡或者本身不怎么喜爱喝茶，可以减少茶叶的用量，泡出一杯醇和的茶水。

一壶茶放多少茶叶

小壶茶置茶依据茶叶外形松紧而定：非常蓬松的茶，放七八分满；较紧结的茶，如揉成球状的乌龙茶、纤细蓬松的绿茶等，放1/4壶；非常密实的茶，如针状的红茶、碎角状的细碎茶叶，切碎熏花的香片等，放1/5壶。

茶与调料的搭配

茶与调料的搭配也是有技巧的，就红茶而言，在茶水中加入砂糖的话，味道会更上一层楼。此外，如果将砂糖放入奶茶中，会促使牛奶的甜味进一步散发出来，有的人喜欢这种味道，而有的人则觉得太甜了。除了添加砂糖外，也可以根据个人喜好加入蜂蜜、枫糖浆等。根据茶的味道与个人喜好选择合适的调料，泡出的茶会更合心意。

以沸水冲淋茶具

泡茶前，以沸水温泡茶具，看似是一个极小的环节，但是它却是不容忽视的。一方面，温泡茶具可以起到清洗茶壶的作用，以保证茶具的清洁度；另一方面，能够帮助唤醒茶香。当直接闻干茶叶时，可能难以闻出它的香味，但是将干茶放入温泡后的茶具中，则有一种淡淡的清香味。

此外，当室内温度较低时，茶壶的温度也会偏低，此时泡茶会使得茶受温度的影响而导致品质不佳。如果先用水温泡茶壶，则能避免室内温度过低导致茶品质下降。

品种多样的茶饮

纯茶

　　单纯的事物，向来深受人们偏爱。在泡制过程中，纯茶以茶叶或粉末茶为主要原料，通过开水冲泡，将茶的品质泡出来。茶色正如它的名字，色泽清亮、单纯而美好。暖暖阳光，伴着纯纯茶香，品一口纯茶，清爽感伴着茶水蔓延至全身，浑身都跟着精神起来。

茶汤橙黄明亮，鲜香醇厚

锡兰红茶

锡兰红茶所含的茶多酚，在酶的作用下会被氧化，不仅能够养胃护胃，还能缓解胃溃疡，此外还有消除疲劳、提振精神的作用。

材料

锡兰红茶7克

请这样泡

1.将水煮沸，倒入瓷盖碗中，盖碗受热后，将沸水倒掉。

2.把锡兰红茶放入盖碗中，轻轻摇晃盖碗，让茶叶与盖碗充分接触。

3.倒入适量沸水，以八分满为宜，然后盖上碗盖，闷泡50秒左右即可饮用。

| 小贴士 |

用盖碗泡红茶，能够很好地激发红茶的品质，无论是茶香还是茶汤味道都非常好。如果采用白底釉面的瓷盖碗，还能衬托茶汤色泽，为其增添美感；冲泡好锡兰红茶后，可清饮，也可根据喜好加适量牛奶或咖啡。

蜂蜜的甜味中和茶的苦味，口感丰富

蜂蜜绿茶

　　蜂蜜含有葡萄糖、淀粉酶、B族维生素等营养成分，能够保护肝脏、改善睡眠；绿茶含有茶多酚等成分，可以提神醒脑、美容养颜。

|关键步骤图|

材料

绿茶9克

蜂蜜适量

请这样泡

1.将绿茶放入带有滤网茶壶中，用开水冲泡。

2.把冲泡好的绿茶慢慢倒入茶杯中，滤网会过滤茶叶，滤出茶水。

3.待茶水稍凉后，加入适量蜂蜜，并以搅拌棒搅匀即成。

|小贴士|

最好不要以开水冲泡蜂蜜，在高温下蜂蜜中的有效成分会被破坏。所以，
茶水泡好后应放凉一会儿再加入蜂蜜。

颜色清新，口感顺滑

日式抹茶

抹茶粉含有茶多酚、纤维素、维生素C等成分，具有增强机体免疫力，清除机体自由基，延缓衰老的作用。

🌿 材料

抹茶粉4克

☕ 请这样泡

1.将抹茶粉倒入碗中，再倒入少许凉开水，大约盖过碗底即可。

2.用茶筅画圈使得抹茶粉均匀散开，如果有小块，则用茶筅按开。

3.加入80℃左右的热水，并用茶筅轻轻搅拌，搅拌时尽量避免茶筅接触碗底。

4.搅拌时会出现许多泡沫，将泡沫放置一会儿，如果不会消失则制作成功，倘若泡沫消失了，则需延长搅拌时间。

| 小贴士 |

茶筅是由精细切割后的竹块制成，常用来搅拌粉末茶；制作好的抹茶应尽快享用，否则茶粉会沉淀，影响口感。

红浓明亮，醇厚回甘

普洱散茶

普洱散茶进入到人体肠胃后，会形成一层保护膜，附着在胃肠的表层，对胃肠有保护作用。所含的茶多酚和维生素C能降低胆固醇和血脂，起到减肥作用。

材料

普洱散茶8克

请这样泡

1.将茶叶用茶匙从茶荷中拨入壶中。

2.冲入90℃左右的热水，冲至稍没茶器底即可。

| 小贴士 |

泡茶完毕后，应该静待数秒，当茶叶徐徐伸展，汤色红浓明亮，叶底呈现深猪肝色，再倒入杯中品尝。

金黄浓艳，馥郁清高

安溪铁观音

　　铁观音含有粗儿茶素等多种营养成分，具有较强的抗化活性，可有效消除细胞中的活性氧分子，从而使人体抗衰老，免受疾病的侵害。

🌿 材料

安溪铁观音7克

☕ 请这样泡

1.将开水倒入盖碗中，用以清洁，并提高盖碗温度。

2.用茶匙将安溪铁观音从茶荷中投入盖碗中。

3.倒入适量温水浸润茶叶，使紧结的茶球泡松后，倒掉温水。

4.往盖碗中冲入沸水至七分满，以冲泡到全部茶叶即可。

| 小贴士 |

空腹不宜饮，否则会感到饥肠辘辘，头晕欲吐。

黄绿明亮，甘醇浓厚

冻顶乌龙茶

饮用冻顶乌龙茶可以使血中维生素C含量持较高水平，有抗衰老作用。

材料

洞顶乌龙茶6克

请这样泡

1.将开水倒入盖碗中进行冲洗，弃水不用。

2.用茶匙将茶叶从茶荷中拨入盖碗，冲入100℃左右的沸水，加盖冲泡1~3分钟即可。

|小贴士|

茶叶的量应为茶具的1/3左右，太少则味道会很淡，多了则茶汤太浓。

花茶

　　花朵气味芳香，外观漂亮，是大自然赠予人类的尤物。它不仅可供观赏，而且可以用来制作花茶饮用。美丽的花朵点缀在茶水之间，给人一种轻柔的感觉，甚是美丽。自带清香的花茶，总是能够诱惑人们去品尝，尝上一口，便停不下来。

阵阵清香，沁人心脾

桃花茶

桃花含有山柰酚、香豆精、三叶豆等营养成分，具有利水通便、活血化瘀等功效。

🌿 材料

桃花7克

☕ 请这样泡

1.将桃花放入茶杯中，倒入开水。

2.盖上盖子，闷5分钟后即可饮用。

| 小贴士 |

桃花有泻下的作用，适合有便秘困扰的人群饮用，但是如果有便溏等症状的话就不要再喝桃花茶了。

淡淡香气，清雅卓绝

菊花茶

枸杞含有枸杞多糖、甜菜碱、胡萝卜素等营养元素，有增强免疫力、延缓衰老等功效；菊花有清热祛火的作用，适合在夏季服用。

扫一扫看视频

| 关键步骤图 |

2

4

🦋 **材料**

菊花15克

枸杞10克

☕ **请这样泡**

1.用清水将枸杞清洗干净，捞出沥干水分后放入盘中，待用。

2.将备好的菊花放入另一个茶杯，注入适量温开水，冲洗后倒出杯中的水，备用。

3.再次向杯中注入适量开水，至九分满。

4.撒上枸杞，闷一会儿，趁热饮用即可。

| 小贴士 |

用温开水清洗菊花，能让泡出来的菊花香味更浓。

质朴纯美，入口绵长

茉莉花茶

茉莉花含有苯甲醇、茉莉花素、芳樟醇等成分，对清热解毒、止咳化痰等有利。

材料

干品茉莉花8克

请这样泡

1.将茉莉花放入杯中，倒入开水。

2.盖上盖子，闷5分钟左右即可饮用。

| 小贴士 |

茉莉花茶的冲泡可以选用干品或鲜品，干品茉莉花味道更浓郁些，鲜品茉莉花则相对清淡点，可根据自己喜好选择。

清澈无比，茶味特别

勿忘我花茶

勿忘我含有维生素C等营养成分，不仅能够促进新陈代谢，还能增强免疫力、延缓衰老。

材料

勿忘我5克

请这样泡

1.将勿忘我放入杯中，倒入开水。

2.盖上盖子，闷3~5分钟后至茶汤变黄后即可饮用。

|小贴士|

单泡勿忘我花茶时，加入少许蜂蜜调味为佳。

三花绽放，清香美丽

缤纷三花茶

代代花具有镇定安神、促进血液循环、减肥瘦身等功效；玫瑰花具有柔肝醒胃、疏气活血等功效；荷叶可清暑热、解烦渴、帮助利水消肿。

|关键步骤图|

材料

干荷叶2克　　　茉莉花3克

代代花3克　　　川芎少许

玫瑰花3克

 请这样泡

1.取一个茶杯，倒入洗净后的全部材料。

2.倒入适量的沸水，至九分满。

3.泡约3分钟，至散出香味，趁热饮用即可。

|小贴士|

先将川芎熬出药汁，再用来冲泡，茶水功效会大大提升。

不争不抢，茶水自成一番风味

月季花茶

　　月季花含挥发油，主要为萜烯类化合物，并含槲皮苷、鞣质，具有活血调经、消肿解毒等功效。

🌿 **材料**

月季花6克

☕ **请这样泡**

1.将月季花放入杯中，冲入 95~100℃的热水。

2.盖上盖子，闷3分钟左右，待茶汤稍凉时即可饮用。

|小贴士|

月季花茶虽有花香的气味，但其口感清淡、微酸，可以适当加入蜂蜜或冰糖调味，蜂蜜要待茶汤稍凉后再加入。

清新美丽，充满浪漫情怀

百合绿茶

百合花含有B族维生素、维生素C等营养成分，具有养心安神、润肺止咳等功效。

扫一扫看视频

材料

绿茶15克
鲜百合花少许
白糖适量

请这样泡

1.取一碗清水，倒入绿茶，清洗干净，待用。

2.另取一个玻璃壶，倒入洗好的绿茶，放入洗净的鲜百合花。

3.注入适量的开水，至七八分满，泡约3分钟。

4.将泡好的绿茶倒入杯中，加入少许白糖拌匀即可。

| 小贴士 |

清洗绿茶时最好用温水，这样茶水的香味更浓。

果茶

　　果茶是由水果与茶泡制而成的，水果混合在茶水中，它的酸甜滋味丰富了茶水的口感，而且其所含的营养提升了茶水的功效。"民以食为天"，不知果茶最开始是谁创造出来的，但是水果与茶的结合，产生的滋味绝对是你想象不到的美好。

清香凉润，超级好喝

蜂蜜柚子茶

柚子含有丰富的蛋白质、糖类、有机酸、维生素A、维生素B_1、维生素C和钙、磷等营养成分，有利于减肥、美容护肤。

🌿 材料

柚子500克

蜂蜜200克

冰糖70克

盐适量

☕ 请这样泡

1.将剥下的柚子皮切成细丝，柚子肉切小块。

2.用盐水腌渍柚子皮丝1小时左右，然后放锅中煮至变软。

3.将柚子皮丝与柚子果肉放入锅中，倒入清水与冰糖，熬煮10分钟左右，使其变软。

4.将熬制成功的柚子皮丝与柚子果肉盛起，放凉后加入蜂蜜，并以搅拌棒充分搅拌。

5.把搅匀后的柚子皮丝与柚子果肉放入茶杯中，倒入适量温水冲泡即可。

| 小贴士 |

如果熬煮的柚子皮丝与柚子肉过多，可以加入蜂蜜搅匀后装进密封罐中，放入冰箱冷藏，待想饮用时，再取出一些用温水冲泡即可。

扫一扫看视频

甜甜的，带有一抹花香

雪梨菊花茶

菊花含有水苏碱、刺槐苷、葡萄糖苷等成分，具有延缓衰老、抗肿瘤等功效；雪梨具有润肺清燥的作用。

🌿 材料

雪梨140克

枸杞10克

菊花8克

冰糖适量

☕ 请这样泡

1.取两碗温水，分别放入菊花和枸杞，清洗干净，捞出。

2.洗净的雪梨取果肉，改切成薄片。

3.雪梨片放入汤锅，加清水用大火略煮，撒上冰糖，倒入清洗好的菊花和枸杞。

4.略煮至散发出花香味，关火盛出，装入杯中即可饮用。

|小贴士|

菊花不宜长时间清洗，以免失去了清香味。

茶色黄亮，茶水诱人

山楂双花茶

金银花含有绿原酸、异绿原酸、白果醇等营养成分，可以清热解毒、增强免疫力；山楂能开胃消食，可促进脂肪的分解。

🌿 材料

金银花12克
山楂干22克
菊花7克

☕ 请这样泡

1.将金银花、山楂干和菊花清洗干净。

2.汤锅置火上，倒入已经洗好的材料，注入适量清水。

3.盖上盖，烧开后用小火煮约20分钟，至材料析出有效成分。

4.揭盖后关火，盛出煮好的山楂茶，装入茶杯中即成。

|小贴士|

清洗材料时可以加入少许盐，这样更容易清洗干净。

草莓点缀红色茶汤，诱人饮用

草莓茶

草莓中含有大量的糖类、蛋白质、有机酸、果胶、维生素C等营养物质，不仅能促进胃肠蠕动，改善便秘，还可以预防坏血病。

关键步骤图

🌿 材料

红茶7克
草莓12克

☕ 请这样泡

1.草莓以清水冲洗干净，去蒂头，对半切。

2.取部分草莓压碎，剩余心形草莓备用。

3.将沸水倒入茶壶中，待茶壶受热后，将沸水倒掉。

4.把茶叶与压碎了的草莓放入茶壶中，倒入沸水后，盖上壶盖，闷3分钟左右。

5.取另一个茶壶，将沸水倒入使其受热，倒掉沸水。将闷好的茶水倒入这个茶壶中。

6.取茶杯，并用沸水使其受热。倒入茶水，放入备用的心形草莓即可。

|小贴士|

选择草莓时，最好挑选个头小、熟透鲜红，口感偏酸的草莓；同时可以根据个人喜好，在泡好的茶水中加入少许砂糖，增加口感。

带有微微青涩感，清新甜美

水蜜桃茶

水蜜桃含有蛋白质、糖类、粗纤维等营养成分，具有润肠通便、活血通血、滋润皮肤等功效；柠檬富含维生素C，有美容作用。

|关键步骤图|

🌿 材料

水蜜桃80克

红茶包1包

柠檬汁70毫升

蜂蜜适量

☕ 请这样泡

1.水蜜桃洗净，取果肉，切片。

2.汤锅置火上，倒入水蜜桃片，注入适量清水，煮至水蜜桃熟透。

3.揭盖，倒入柠檬汁、少许蜂蜜，搅拌均匀，用大火煮沸。

4.取一个茶杯，放入红茶包，盛出煮好的汁水倒入杯中，泡出茶香味即可。

|小贴士|

可根据自身喜好，加些蜂蜜来中和柠檬的酸味，喜欢酸味的可不加。

带点酸味，撩动味蕾

柠檬茶

柠檬的柠檬酸盐、维生素等含量极为丰富，具有防止和消除皮肤色素沉着，白皙皮肤、防治肾结石等作用。

|关键步骤图|

材料

红茶4克
柠檬8克

请这样泡

1.将沸水倒入带有滤网的茶壶中,待茶壶受热后,倒出沸水。

2.在热茶壶里放进茶叶,倒入适量的水,盖上杯盖闷2分钟左右。

3.柠檬洗净,切成3毫米左右的薄片。

4.取茶杯,先将其用沸水受热,然后放入柠檬薄片,再将茶水倒入。

5.用勺子轻轻搅拌柠檬茶水,搅匀后,再以勺子捞出柠檬薄片即可饮用。

|小贴士|

在沏茶时不要直接将柠檬薄片放入茶壶中,因为柠檬片长时间浸泡于茶水中会使得其苦味散发出来,从而影响茶水风味。

青桔柠檬茶

青桔含有维生素A、维生素C、维生素P等营养成分，能健胃消食、润肺化痰、生津止渴，其所含的挥发油等特殊物质，可散发独特香气，令人心情愉悦。

🌿 **材料**

红茶5克

小青桔30克

柠檬8克

白砂糖适量

☕ **请这样泡**

1.将红茶放入茶壶中，用开水冲泡。

2.加入白砂糖，用搅拌棒充分搅拌。

3.小青桔以清水冲洗干净，对半切。再用手挤小青桔，将汁水挤进红茶中，挤过的小青桔也放入红茶中。

4.柠檬洗净，切成薄片，放入红茶中，用搅拌棒充分搅匀。盖上茶壶盖，放入冰箱冷藏一段时间即可饮用。

| 小贴士 |

使用带盖的瓶子泡青桔柠檬茶更方便，将水果放入红茶中后，盖上盖子摇一摇便可充分搅匀。

奶茶

　　小时候，最喜欢喝的就是学校门口的奶茶了。到现在，对奶茶都有一种特殊情结，我们喜欢某种食物往往是因为它寄托了某种情感。还记得在奶茶出现在大街小巷的时候，将每天的零花钱攒起来，只为买一杯奶茶。它的清馨美味，值得我们期待与思念。

清凉爽口，口感独特

薄荷奶茶

牛奶含有蛋白质、磷脂、钙、磷、铁、锰脂肪、乳糖等营养成分，具有增强免疫力、美白肌肤、益胃等作用。

材料

红茶包1包
牛奶120毫升
薄荷叶少许

请这样泡

1.将薄荷叶清洗干净，待用。

2.取一个小茶壶，放入红茶包、薄荷叶，注入开水。

3.盖上盖，泡约5分钟，至茶汁色泽暗红。

4.注入牛奶，搅拌均匀，将泡好的奶茶倒入小玻璃杯中即成。

|小贴士|

可以用手将薄荷叶撕成小块，再和红茶包一起放入茶壶，这样薄荷的香味更容易散发出来。

香气弥漫，唤醒味蕾

港式皇家丝滑奶茶

红茶含有维生素C、维生素E、钙、磷、铁、碘等成分，具有消除疲劳、提振精神等功效。

关键步骤图

1

2

3

4

 材料

红茶包1包

全脂淡奶少许

白糖适量

请这样泡

1.取一个茶杯，注入适量的开水。

2.放入红茶包，撒上少许白糖，搅拌均匀。

3.泡约3分钟，至茶汁呈淡红色。

4.取出茶包，倒入全脂淡奶，拌匀，趁热饮用即可。

|小贴士|

泡红茶时，可以盖上杯盖，这样能缩短泡制的时间。

淡淡的苦涩，浓浓的醇香

鸳鸯奶茶

咖啡含有纤维素、烟酸、咖啡因及钙、磷、铁、钠等营养成分，有利于醒脑提神、加速新陈代谢、促进消化、改善便秘等。

1

2

3

4

 材料

红茶包1包

速溶咖啡1袋

牛奶100毫升

白糖少许

请这样泡

1.取一个茶杯，放入红茶包，注入适量开水，泡3分钟左右，至茶水呈红色。

2.取出茶包，倒入备好的牛奶，拌匀，待用。

3.取一个咖啡杯，倒入速溶咖啡，搅拌至咖啡粉溶化。

4.将泡好的咖啡倒入茶杯中，加入适量白糖，拌匀，趁热饮用即可。

| 小贴士 |

泡红茶的时间可以稍微长一些，这样茶汁的口感会更醇厚。

颗颗珍珠，Q弹美味

珍珠奶茶

红茶含有钙、磷、镁、钾等营养成分，具有清热解毒、延缓衰老等功效。

材料

木薯粉40克　　红茶包1包

白糖6克　　方糖6克

澄粉10克　　黑白淡奶90毫升

请这样泡

1.将清水与白糖放入奶锅中，加热至糖溶化，盛起糖水，倒入木薯粉里。

2.用小碗装好澄粉，倒入开水，轻轻搅拌，再将澄粉与加有糖水的木薯粉混合，并揉成粉团，置于一旁。

3.将水烧开，并不断从粉团上取一个个小粉团，把小粉团置于手心揉一下，放入开水中。

4.开水中的珍珠小粉团会渐渐浮起，捞起后放入冷水中浸泡，煮熟的小粉团会变成透明的，如果没有变成透明状，则需要再煮一会儿。

5.把水烧开，放入茶包，煮一会儿后，再放入方糖、黑白淡奶，水滚起来后关火。

6.将煮好的奶茶倒入杯中，放一会儿后，加入做好的珍珠小粉团，搅拌均匀即可。

|小贴士|

珍珠小粉团煮好后，要用冷水浸泡一会儿，才会Q弹。

口感纯正，奶味香浓

丝袜奶茶

红茶含有胡萝卜素、钾等营养成分，具有帮助消化、增进食欲等功效。

材料

纯牛奶150毫升

红茶包1包

白糖少许

请这样泡

1.锅置火上烧热，倒入纯牛奶，放入红茶包，搅拌均匀。

2.用大火略煮，待沸腾时撒上少许白糖，拌匀。

3.续煮至白糖完全溶化。

4.关火后盛出煮好的奶茶，装入杯中即可。

|小贴士|

红茶不宜煮太久，以免丢失清香味。

强烈的香甜味，刺激味蕾

香醇玫瑰奶茶

玫瑰花含有糖类、钙、磷、钾等营养成分，具有柔肝醒胃、疏气活血等功效。

|关键步骤图|

🌿 材料

红茶包1包

玫瑰花15克

牛奶100毫升

蜂蜜少许

☕ 请这样泡

1.锅中注入适量清水烧开，放入洗净的玫瑰花，用大火略煮。

2.放入备好的红茶包，用中火煮出淡红的颜色，拌匀。

3.倒入牛奶，拌匀，用大火煮沸。

4.关火后盛出煮好的奶茶，装入杯中，加入少许蜂蜜，拌匀即可。

|小贴士|

牛奶不要煮太长时间，容易使营养流失。

颜色漂亮，喝起来香醇无比

焦糖奶茶

牛奶含有优质的蛋白质和容易被人体消化吸收的脂肪，其所含的多种免疫球蛋白，能增加人体抗病能力。

| 关键步骤图 |

 材料

茶叶4克

白糖10克

牛奶250毫升

请这样泡

1.将白糖放入加热后的锅中，用小火慢慢熬制。

2.待糖熬化并变成棕褐色时，加入茶叶和牛奶。

3.转中火继续熬制，煮沸后，转小火再煮一会儿。

4.当茶叶与牛奶的香味弥漫出来时关火，并将奶茶过滤，倒入茶杯中即可。

| 小贴士 |

糖用白糖、冰糖等都可以，根据自己喜好选择；如果是新手，可以一直用小火熬制，以免煳锅。

冰茶

　　冰凉清爽，是冰茶的最大特色。夏日炎炎烈日，喝一杯冰茶，瞬间补充水分，不仅消暑解渴，还能带走一天的疲劳。一颗颗晶莹剔透的冰块坠落在茶水里，使得茶水冰爽透亮，非常漂亮，瞧上一眼，便忍不住想尝一尝茶水的味道。

冰冰凉凉，清爽无比

印尼冰茶

柠檬的维生素含量极为丰富，能防止和消除皮肤色素沉着，使皮肤白皙，其独特的果酸成分可软化角质层，令皮肤变得美白而富有光泽。

🌿 材料

红茶包2包

黄柠檬20克

青柠檬20克

薄荷叶4克

香茅3克

白糖适量

冰块适量

☕ 请这样泡

1.用开水冲泡红茶包，两分钟左右后取出茶包，放凉备用。

2.黄柠檬、青柠檬洗净，切成小片；薄荷叶用清水冲洗干净备用。

3.香茅洗净，切掉尾部，切成小段。

4.将黄柠檬片、青柠檬片、薄荷叶放入放凉后的红茶中，加入适量的白糖，移置冰箱冷藏1小时后取出。

5.将香茅段放入冷藏后的红茶中，加入冰块，充分搅拌即可。

|小贴士|

糖食用过多，对牙齿不好，可以适量加些蜂蜜代替糖。

冰冰爽爽，就是我

三重冰茶

尼尔吉里红茶含有镁、钾等成分，具有增强食欲，促进肠胃消化的作用。

🌿 材料

尼尔吉里红茶10克

白色果汁150毫升

石榴糖浆8克

冰块适量

☕ 请这样泡

1.将沸水倒入茶壶中，待茶壶受热后，将沸水倒掉。

2.放入尼尔吉里红茶，倒入沸水，盖上盖子，闷3分钟左右。

3.把泡好后的尼尔吉里红茶放凉，再放入适量冰块。

4.取茶杯，在杯中放入石榴糖浆，并放入适量冰块。

5.将白色果汁、泡好的尼尔吉里冰红茶依次倒入茶杯中即可。

| 小贴士 |

如果购买石榴糖浆不便，可以用玫瑰糖浆来代替；白色果汁可以使用椰子汁等。

高颜值的果香味茶水

柠檬蜂蜜冰茶

蜂蜜含有维生素A、维生素B$_1$、维生素B$_6$、维生素C、胆碱等营养成分，具有增强免疫力、美容护肤、延缓衰老等功效。

🌿 材料

红茶5克

柠檬80克

蜂蜜70克

冰块适量

☕ 请这样泡

1.把红茶放入茶杯中，倒入开水冲泡，放凉备用。

2.将放凉后的茶水倒入凉水杯中，加入蜂蜜。

3.柠檬洗净对切，以手挤柠檬汁，用小碗装好。

4.将柠檬汁倒入装有茶水的凉水杯中，加入适量冰块，用搅拌棒充分搅拌即可。

|小贴士|

以手挤柠檬汁不能充分将汁液挤出，如果有柠檬榨汁器的话，可以先用榨汁器将汁液榨出备用。

粉色水果茶，清新冰爽

水蜜桃柠檬冰茶

水蜜桃富含B族维生素、多种纤维等营养物质，能有效保护皮肤、头发，还能预防便秘。

|关键步骤图|

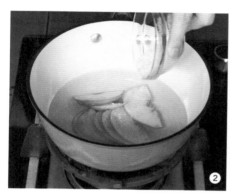

🌿 材料

水蜜桃200克　　　柠檬适量　　　　　白糖适量

红茶5克　　　　　冰块适量

☕ 请这样泡

1.水蜜桃洗净，去核切成薄片。

2.取2/3的桃子薄片放入锅中，加适量水与白糖，煮4分钟左右。

3.煮好后，盖上锅盖，关火，闷30分钟左右。

4.柠檬洗净，先切几片柠檬薄片装碗备用，然后用柠檬榨汁器将剩下的柠檬榨汁备用。

5.把红茶放入容器中，用开水冲泡，加入柠檬汁，静置放凉。

6.将闷好的桃子糖水盛起，装入大茶杯中，倒入红茶，加入冰块、剩下的1/3新鲜桃子薄片、柠檬薄片，并以搅拌棒充分搅拌即成。

|小贴士|

关火后，盖上锅盖闷30分钟，能够让水蜜桃的香味很好地散发出来，提升味道。

简单清爽，夏日福利

柠檬薄荷冰茶

　　薄荷具有一种独特的芳香，饮用含有薄荷的饮品，不仅能清新口气，还可以消除牙龈肿痛等症状。

| 关键步骤图 |

材料

绿茶4克

薄荷叶10克

柠檬80克

砂糖适量

冰块适量

请这样泡

1.将绿茶放入茶杯中，用开水冲泡，泡好后放凉备用。

2.以流水冲洗薄荷叶，并用手轻轻揉搓，使香味散发出来。

3.柠檬洗净对切，取半个柠檬用手挤柠檬汁装碗备用；另外半个切成柠檬薄片备用。

4.把薄荷叶、柠檬汁倒入放凉后的绿茶中，再放入柠檬薄片，并用搅拌棒充分搅匀。

5.根据个人喜好，加入适量砂糖与冰块。移置冰箱冷藏5小时左右，即可饮用。

| 小贴士 |

如果不喜欢甜味，也可以不加砂糖；柠檬尽量切薄些，装在杯中会更美观，可刺激食欲。

满满的水果与冰块，消暑利器

蓝莓冰茶

蓝莓果胶含量很高，能有效降低胆固醇，防止动脉硬化，其所含花青苷色素具有活化视网膜的功效，可以舒缓眼球疲劳。

关键步骤图

 材料

红茶8克

蓝莓50克

白葡萄酒15毫升

冰块适量

砂糖适量

请这样泡

1.先用沸水将茶壶预热，倒掉沸水后，再将红茶放入茶壶中。

2.倒入适量沸水，盖上杯盖，闷泡1分钟左右。

3.将泡好后的红茶过滤，倒入茶杯中放凉，再加入适量的冰块。

4.把蓝莓、砂糖、白葡萄酒放入搅拌机中，加入适量的水充分搅拌。

5.用筛子把搅拌后的蓝莓混合物过滤一遍。

6.将过滤后的蓝莓混合液倒入大茶杯中，加上适量冰块，再将泡好的冰红茶倒入，充分搅匀即可。

小贴士

买不到新鲜蓝莓，使用冷冻蓝莓也行；如果喜欢草莓味道，也可以用草莓代替蓝莓。

淡淡西柚香味，清新好喝

冰葡萄柚茶

葡萄柚含有丰富的维生素P、果胶等，不仅可以强化皮肤、收缩毛孔，而且对于肥胖症、水分滞留、蜂窝组织炎症等颇有改善作用，可降低患癌症发生的概率。

|关键步骤图|

 材料

红茶8克

葡萄柚200克

冰块适量

请这样泡

1.用沸水将茶壶预热，茶壶受热后，倒掉沸水。

2.把茶叶放入茶壶中，用沸水冲泡。泡好后，盖上杯盖，闷1分钟左右。

3.将茶水倒入茶杯中放凉，并取1/3冰块放入。

4.葡萄柚洗净去皮，切成小块，放入榨汁机中榨成汁后，装入容器中。

5.将剩下的冰块装进大茶杯里，倒入泡好的冰红茶，并慢慢用过滤网筛将葡萄柚汁过滤倒入，最后充分搅拌即可。

|小贴士|

葡萄柚榨汁后，一定要用筛子过滤一遍，这样泡出来的茶水才会清澈。

PART 2
百吃不厌的美味茶点

茶点尝起来很美味，但是总给人一种做起来很繁琐的感觉。事实上，自己制作茶点也没有想象中那么难，本章将详细介绍蛋糕、饼干、蛋挞等的制作方法，教你制作各类茶点。自制茶点，不仅能打发时光，看着精致的点心，还能充满成就感。

茶点知识小课堂

茶点的来源

　　喝着茶，却没有食物相伴，难免显得单调。人对于食物有一种天生的敏感度，为了让喝茶变得有趣起来，以及调节红茶等茶水的苦涩感，各种各样的茶点便出现了。此外，随着下午茶的盛行，茶点的种类也变得更加丰富多彩。下面我们就看看茶的密友——茶点的故事吧！

　　多种多样的茶点并不是从一开始就出现在茶桌上的。刚开始，喝着茶，人们觉得很单调，总觉得要有一些东西配着茶品起来才美味，于是一些做法简单的茶点就应运而生了。这些茶点大都做法简单，但是与茶搭配，却能很好地丰富饮茶氛围。

　　此外，在喝茶时人们喜欢边聊边喝，往往聊着天，时间便不知不觉溜走了。然而有些茶水的消化能力较强，喝着茶聊着天会感到饿，这时就不得不靠茶点来垫垫肚子了。而且，有些茶不宜空腹饮，品尝前要吃些茶点。当然，作为茶文化的重要组成部分，茶点的出现不仅仅是因为能垫垫肚子及丰富饮茶氛围。值得一提的是，茶点与茶相互搭配，能够有效衬托茶味。例如：红茶的茶水有略微苦涩感，搭配一些甜甜的食物就很好了；而像普洱茶这种浓茶，如果空腹饮用，容易导致茶醉，搭配榴莲酥等一些偏油腻点心，两者搭配食用，能创造不一样的口感，还能预防茶醉。

　　提起茶点，脑海中一闪而过的便是下午茶，这也是因为下午茶里会出现各种各样丰盛的茶点，才会让人印象深刻。下午茶的盛行，在某种程度上丰富了茶点的种类，对茶点的发展起到了极大的推动作用。下午茶是在19世纪初期，由英国贝德福德公爵的夫人安娜·玛利亚·罗素发起的，与之相配的茶点多种多样，被放在三层点心瓷盘上，显得非常精致。当时，人们喜欢享用丰盛的早餐，简单的午餐，而晚餐要到很晚才吃，由于中间时间间隔太长，为了缓解饥饿，会将三明治、蛋糕等配着茶一起饮用，当然这是在贵族之间流传起来的；而平民则是配上些肉就当成晚餐来吃。下午茶可谓是对茶点的发展起到了很大促进作用。

　　由于经济文化等的差异，使得各国

的茶点不尽相同。中国茶点精细美观，品种多样，例如在《红楼梦》第四十一回中描述贾府的糕点时，表明糕点是用特制的银模具，将米粉压制成菊花、梅花等多种形状，且每种形状只有豆子大小。英式茶点则主要由面粉、砂糖、鸡蛋和黄油等基本材料来简单制作的。法式茶点的制作较为复杂，并且造型一定要漂亮，不仅讲究味蕾的享受，而且注重视觉的享受。

当然，茶点的发展是不断与时俱进的，具有时代的特征。茶点与茶相互搭配，就如同绿叶与红花相衬，相得益彰。

茶点的分类

茶点与茶一起食用，虽然有所讲究，但是并不非得是已经定好的食物。就像一种茶有好几种味道和香气，茶点的种类也是非常丰富的。下面将介绍一些常见的茶点。

中式糕点

中国传统糕点历史悠久，种类多种多样，满足了人们对于各种味道的追求。这些糕点名字好听，尝起来味道也极好。此外，有些中式糕点还被赋予了美丽的传说，带有一定的文化底蕴。中式糕点讲究色、香、味的感官享受，不仅满足你的味蕾，带来的更是一场视觉盛宴。

蛋糕

被大众广泛知道的茶点，非蛋糕莫属。不管是在面粉中放入鸡蛋、黄油和砂糖等进行搅拌后再烤制的传统蛋糕，还是随着对食物要求的提高，而制作出来的海绵蛋糕、巧克力蛋糕等，都十分有人气。蛋糕搭配着茶水，不仅能营造美好的饮茶氛围，还能衬托茶水的品质。

饼干

饼干是用面粉、水或者牛奶等为材料烤出来的食物，在制作过程中不放酵母。由于携带方便，易于存储，在最初期，饼干是以长期航海或战争中的紧急食品的角色传播的，工业革命以后，机械技术快速发展，饼干的生产制作水平也极大地提高，并传播到世界各地。现在，它已经成为一种常见的点心，深受人们喜爱。

司康饼

司康饼是英国人超喜欢吃的茶点。据说，"司康饼"这个名字，是从苏格兰珀斯的斯康宫中，国王加冕时使用的石头"stone of scone"中由来的。为了纪念这块被英格兰夺走的石头重新找回来了，便将这个名字用到饼干中。刚开始，司康饼里面什么也不放，只是烤过的面包，薄且硬，后来放入了黄油和牛奶，便发展成现在的膨胀模样。

三明治

　　三明治作为一顿饭来吃也毫不逊色，它能很好地填饱人们的肚子。同时，三明治也是人们经常享用的茶点。它是由一个生活在英国"Sandwich"港口都市的三明治伯爵，Montagu发明的。当时伯爵沉迷于纸牌，想把吃饭的时间都节省下来玩纸牌。于是，他便将蔬菜与烤肉夹在面包中，边吃边玩纸牌。贵族们看到后纷纷学起来，于是这种吃法便流行起来，并根据伯爵的爵位，将食物命名为"三明治"。夹杂着鸡蛋、黄瓜和三文鱼的三明治在茶点中非常受欢迎。

圣诞布丁

　　圣诞布丁是一种口感非常丰富的独特食物，一开始它是一种放入面粉、面包粉、鸡蛋、砂糖、坚果和香辛料等食材，经过长时间烹调后再蒸出来的食物。后来，不放入肉类与蔬菜，只放水果、砂糖及鸡蛋等，并经过不断演变，变成了今天的圣诞布丁。圣诞布丁口味香甜，享用时可以吃出好几种材料的味道。在圣诞节时，以圣诞布丁搭配茶水饮用，格外应景。

茶与食物的搭配

茶的味道不同，所需要搭配的茶点也不同，所以最好根据茶的味道与香气，选择合适的茶点。下面将介绍一些与茶一起享用，就会产生奇妙交融的茶点。

铁观音+海米芋头糕

铁观音茶性偏弱，香味浓重，与海米芋头糕一起食用，可以去除芋头糕里的油腻。海米芋头糕做法简单，味道好，但是容易导致胃胀气，这时候喝上铁观音，可以促进消化液分泌，帮助消化。除了海米芋头糕外，油腻点心都可以搭配铁观音食用。

普洱茶+如意凉糕

普洱茶的魅力在于它有股特别的陈香味，而且越陈的茶香味越浓厚，岁月的气息也更加厚重。享用普洱茶容易出现饥饿感，会出现晕茶症状，所以需要有茶点相伴。如意凉糕能够很好地满足胃口，而且普洱茶对它具有包容性。入口后，如意凉糕不会很甜，两者产生了奥妙交融。此外，豆沙馅的米糕与普洱茶也是绝配。

大吉岭茶+黄油蛋糕

在红茶中，大吉岭茶属于香气比较好的茶。与有很多生水果和奶油的茶点相比，黄油蛋糕不仅做法简单，而且口感厚重，与大吉岭茶更加相配。倘若喜欢吃水果，也可以选择加了水果干的磅蛋糕，它与大吉岭茶搭配起来食用也相当美味。此外，玛德琳、蛋糕卷，或者口感酥软轻盈的海绵蛋糕、戚风蛋糕也是很好的选择。

奶茶+巧克力蛋糕

丝滑香甜的巧克力蛋糕与奶茶搭配甚是美味。巧克力蛋糕可以使得奶茶的顺滑感更上一层楼，让品尝茶与茶点的人像是在喝浓郁的巧克力奶茶。此外，奶茶与戚风蛋糕、饼干等一起享用，也是一个很好的选择。

伯爵红茶+水果奶油蛋糕

伯爵红茶散发出一种优雅气息，和充满新鲜水果的奶油蛋糕非常相配。水果奶油蛋糕带着股微微的香气与甜甜的口感，吃一口，果香味瞬间在口腔内弥漫，人的心情也变得美好。口感丰盈的芝士蛋糕与伯爵红茶搭配，味道也是你想象不到的好哦。

草本茶+法式咸派

法式咸派是用火腿、洋葱、奶油等制成的，与草本茶相搭，组成"梦幻"组合。草本茶口感清爽，可以减少食用完法式咸派后口中留有的涩感，而且能起到促进消化的作用。喝草本茶时，也可以选择三明治、司康饼等食物，选择性比较多。

品种丰富的茶点

中式糕点

　　谈起中式糕点，其实我大多数是在电视剧里看到的。中式糕点不仅名字好听，如绿豆糕、桂花糕、玫瑰酥等，而且外形精致，给人一种倾城倾国的美感。当一道道小巧玲珑的点心端上桌面，或许你会舍不得吃。那么好看，怎舍得破坏它美丽的外表。

不一样的搭配，口感丰富

双色糕点

材料

铁棍山药80克

紫薯80克

白糖30克

食用油适量

请这样做

1.山药洗净，去皮后切小段，放入锅中蒸熟，碾成泥状。

2.在山药泥中加少许食用油与适量白糖，并搅拌均匀。

3.紫薯清洗干净，放入锅中蒸熟，去掉紫薯皮，碾成泥状。

4.在紫薯泥中加入少许食用油与适量白糖，并搅拌均匀。

5.分别将山药泥、紫薯泥切成块状，并搓成圆球。

6.食用油倒入锅中加热，盛起后放凉备用。

7.取模具，在模具内壁上刷一层放凉后的食用油，先用模具压山药球制成山药糕后脱模，再压紫薯球制成紫薯糕即可。

|小贴士|

在处理铁棍山药时，可以戴上一次性手套，因为山药上的黏液沾在皮肤上，会使皮肤痒。

芝麻香味弥漫，闻着就可口

芝麻酥

| 关键步骤图 |

1

3

6

7

 材料

低筋面粉500克

猪油220克

白糖330克

鸡蛋1个

泡打粉5克

小苏打2克

清水50毫升

白芝麻15克

请这样做

1.将低筋面粉、小苏打、泡打粉混合。

2.过筛，撒在案台上，用刮板开窝。

3.放入白糖、鸡蛋搅拌，使鸡蛋散开。

4.注入清水，刮入面粉，搅拌。

5.放入备好的猪油，搅匀，至其融于面粉中，制成面团。

6.把面团搓成长条，分成数段，备用。

7.取一段面团，分成数个剂子，揉搓成圆形酥皮。

8.滚上白芝麻，制成生坯，入烤箱以上火170℃、下火180℃，烤15分钟，取出烤盘，待稍微冷却后即可食用。

| 小贴士 |

制作蛋液时可加入少许水淀粉，这样烤熟后口感会更佳。

酷似菊花，带有一丝艺术情怀

菊花酥

🧑‍🍳 材料

蛋黄10克　　　　　低筋面粉270克　　　　莲蓉适量

糖粉30克　　　　　清水70毫升　　　　　白芝麻适量

猪油90克

| 关键步骤图 |

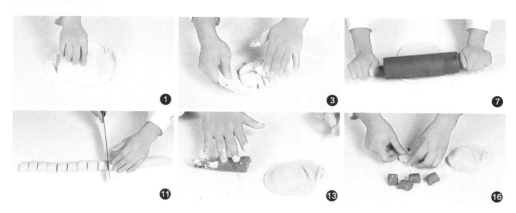

请这样做

1.将低筋面粉倒在案台上，用刮板开窝。

2.往窝中倒入糖粉、水，拌匀，揉搓成面团。

3.在面团上倒入猪油，压拌均匀。

4.撒入适量的低筋面粉，继续压拌均匀，制成水皮。

5.将低筋面粉倒在案台上，用刮板开窝。

6.往窝中倒入猪油，用手将材料反复压拌均匀，制成油皮。

7.往案台撒入适量的低筋面粉，放入水皮，用擀面杖擀薄。

8.在水皮上放油皮，包好擀薄，折两折再擀薄，制成面皮。

9.再次在案台撒适量的低筋面粉，放上面皮折两折，擀薄。

10.将面皮翻面，卷成圆筒状，反复揉搓。

11.将圆筒状的面皮依次切成小块。

12.取其中6块，用擀面杖依次将面皮擀薄。

13.在案台上撒入适量的低筋面粉，放上适量莲蓉，并揉搓成长条状。

14.依次取适量的莲蓉放在擀薄的面皮上，包好，压扁，再擀薄。

15.将包有莲蓉的面皮以对角的方式切8刀。

16.沿顺时针方向反卷起来，按压一下，呈菊花瓣状，制成菊花酥生坯。

17.将菊花酥生坯放入烤盘，刷上蛋黄，撒入白芝麻。

18.放入烤箱，以上火170℃、下火190℃烤15分钟。

19.取出烤盘放凉，再将菊花酥装入盘中即可。

| 小贴士 |

在莲蓉包上切花刀的时候，尽量切得整齐一致，这样会显得精致漂亮。

咸中带甜，口感一流

绿茶酥

|关键步骤图|

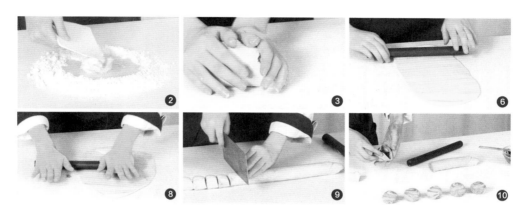

🧑‍🍳 材料

中筋面粉150克

细砂糖35克

猪油90克

低筋面粉100克

绿茶粉3克

清水60毫升

莲蓉馅适量

🔪 请这样做

1.将中筋面粉倒在案台上，用刮板开窝。

2.加细砂糖，注入清水，轻轻搅动，放猪油，拌至糖分溶化。

3.用力地揉搓至材料纯滑，即成油皮面团。

4.将低筋面粉倒在案台上，撒上绿茶粉，和匀，然后开窝。

5.放猪油拌匀，再揉搓一会儿，至材料纯滑，即成酥皮面团。

6.取油皮面团，擀成0.5厘米左右厚的薄皮。

7.把酥皮面团压平，放在擀好的油面皮上。

8.折起面皮，再擀一会儿，擀成0.3厘米左右厚的薄片。

9.卷起薄片，呈圆筒状，用刀切成数个小剂子。

10.将小剂子擀薄，盛入适量的莲蓉馅包好，收口。

11.做成数个绿茶酥生坯，放在垫有油纸的烤盘中。

12.放入烤盘，以上、下火同为180℃的温度烤约25分钟即可。

|小贴士|

酥皮面团与油皮面团一起擀时，最好多擀几次，这样绿茶粉的清香才会渗入到面团中。

色泽金黄，口感脆脆的

核桃酥

| 关键步骤图 |

❷ ❸ ❹ ❻ ❽ ❾

材料

低筋面粉500克

猪油220克

白糖330克

鸡蛋1个

臭粉3.5克

泡打粉5克

食粉2克

清水50毫升

烤核桃仁少许

鸡蛋黄2个

请这样做

1.取玻璃碗，倒入低筋面粉、食粉、泡打粉、臭粉，混合。

2.倒入筛网中过筛，撒在案台上，用刮板开窝。

3.放入白糖，打入鸡蛋，轻轻搅拌，使鸡蛋散开。

4.注入清水，慢慢地刮入面粉，搅拌一会儿，至糖分溶化。

5.放入备好的猪油，搅拌匀，至其融于面粉中，制成面团。

6.把面团搓成长条，分成数段。

7.将鸡蛋黄倒入玻璃碗中，打散、搅匀，制成蛋液。

8.取一段面团，分成数个剂子。

9.揉搓成中间厚、四周薄的圆形酥皮。

10.逐一按压出一个小圆孔，放烤盘中，均匀地刷上一层蛋液。

11.嵌入备好的烤核桃仁，制成核桃酥生坯。

12.烤箱预热，放入烤盘，以上火175℃、下火180℃烤15分钟。

13.取出烤盘，待冷却后装盘即可。

| 小贴士 |

烤箱的预热温度不宜太高，以免放入烤盘时烫手。

蛋糕

　　对于蛋糕的最初记忆，便是生日蛋糕。小时候，吃蛋糕的机会很少，它在我心里是一种珍贵食物。总在生日还有很久才到来的时候，盼望着它快快来临，惦记着蛋糕上那层白白的奶油。现在，不仅可以吃上各式蛋糕，还能自制蛋糕。有时候，幸福就是满足味蕾这件事而已。

细腻松软，鲜香美味

香杏蛋糕

扫一扫看视频

🧑‍🍳 材料

低筋面粉150克

高筋面粉少许

泡打粉3克

蜂蜜适量

鸡蛋2个

细砂糖110克

食用油60毫升

杏仁片15克

黄油60克

🏷️ 请这样做

1.取椭圆形模具，在其内侧刷一层黄油。

2.撒入少许高筋面粉，摇晃均匀。

3.将鸡蛋倒入玻璃碗中，加入细砂糖，用电动搅拌器搅匀。

4.加入低筋面粉、剩余的高筋面粉、泡打粉，搅成糊状。

5.倒入食用油，搅拌匀，加入黄油，搅拌成纯滑的蛋糕浆。

6.在模具内放杏仁片，倒入蛋糕浆，至八分满，再放杏仁片。

7.把生坯放烤盘里，放入烤箱，以上、下火170℃烤20分钟。

8.在烤好的蛋糕上刷一层蜂蜜，脱模后装入盘中即可。

|小贴士|

应选用淡黄色奶油，烤出来的蛋糕口感更佳。

外观漂亮，口感细腻

熔岩蛋糕

| 关键步骤图 |

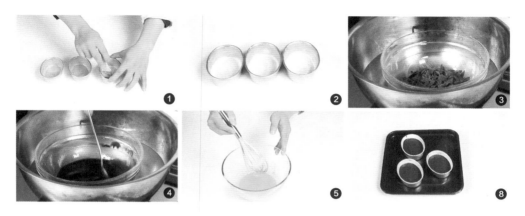

🍲 材料

黑巧克力70克

黄油50克

低筋面粉30克

细砂糖20克

蛋黄60克

朗姆酒5毫升

糖粉适量

🔪 请这样做

1.用刷子在椭圆形模具内侧刷上适量黄油。

2.撒入少许低筋面粉，摇晃均匀。

3.取一玻璃碗，倒入黑巧克力，隔水加热。

4.放入黄油，搅拌至食材化开后关火。

5.另取一个玻璃碗，倒入蛋黄、细砂糖、朗姆酒，搅匀。

6.倒入低筋面粉，快速搅拌均匀。

7.倒入溶化的巧克力和黄油，搅拌均匀。

8.将拌好的材料倒入椭圆形模具中，至五分满，放烤盘中。

9.把烤箱调为上火180℃、下火200℃，预热后放入烤盘，烤20分钟至熟，取出烤盘。

10.将蛋糕脱模，装入盘中，把适量糖粉过筛至蛋糕上即成。

| 小贴士 |

将面粉过筛，这样制作出的蛋糕口感更细腻。

扫一扫看视频

俏皮可爱，酸甜结合

柠檬冻芝士蛋糕

材料

饼干90克

黄油50克

芝士200克

植物奶油100克

酸奶100克

牛奶80毫升

吉利丁片3片

柠檬汁20毫升

朗姆酒5毫升

白糖45克

请这样做

1.把饼干装入碗中，用擀面杖捣碎，加入黄油搅拌均匀。

2.把黄油饼干糊装入圆形模具中，用勺子压实、压平。

3.吉利丁片放入清水中浸泡2分钟。

4.锅中倒入酸奶、牛奶，用搅拌器搅拌均匀。

5.倒入白糖，搅拌至溶化，加入柠檬汁，拌匀。

6.放入吉利丁片，搅拌至溶化。

7.倒入植物奶油，拌匀，加入朗姆酒，搅匀。

8.倒入芝士，搅拌均匀，制成蛋糕浆。

9.将蛋糕浆倒入饼干糊，放冰箱中冷冻2小时至定型后取出。

10.将取出的芝士蛋糕脱模，装盘即可。

| 小贴士 |

冷冻芝士蛋糕前可在表面撒上柠檬皮碎。

精致小巧，好吃不腻

提子哈雷蛋糕

|关键步骤图|

🧑‍🍳 **材料**

鸡蛋250克

低筋面粉250克

泡打粉5克

细砂糖250克

色拉油250毫升

提子干适量

蜂蜜适量

🔪 **请这样做**

1.分别将鸡蛋、细砂糖倒入容器中，用电动搅拌器快速拌匀，至其呈乳白色。

2.用筛网依次将低筋面粉、泡打粉过筛至容器中，搅拌匀，加入色拉油，搅拌匀，打发至糯糊状。

3.将蛋糕纸杯放在烤盘上，用勺子将糯糊倒入杯中，至五分满，撒入适量提子干。

4.将烤盘放入烤箱中，调成上火200℃、下火180℃，烤15分钟，至其呈金黄色。

5.从烤箱中取出蛋糕。

6.在蛋糕表面刷上适量蜂蜜即可。

|小贴士|

不喜欢提子干的，可以换成自己喜欢的水果干或者坚果。

红豆点缀在蛋糕上，平添几分可爱

红豆戚风蛋糕

| 关键步骤图 |

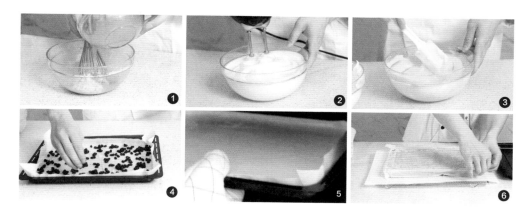

材料

红豆粒80克

蛋白200克

白砂糖100克

低筋面粉80克

色拉油70毫升

塔塔粉2克

盐1克

蛋黄100克

牛奶53毫升

请这样做

1.色拉油、牛奶倒入容器内，搅拌匀，加入低筋面粉，搅拌，倒入盐、蛋黄，搅拌呈丝带状。

2.蛋白倒入碗中，加入白砂糖、塔塔粉，打发至鸡尾状。

3.将一部分的蛋白倒入蛋黄内，搅拌匀，再放入剩下的一半，搅拌匀。

4.烤盘内垫上烘焙纸，撒上红豆粒，倒入拌好的蛋糕液，表面抹平，再震一下烤盘。

5.烤盘放入预热好的烤箱里，上火155℃、下火130℃，烤30分钟。

6.待时间到，将烤盘取出，倒出蛋糕，撕去烘焙纸，切成小方块装入盘中即可。

| 小贴士 |

烤制的过程中尽量不要开烤箱门，以免影响蛋糕口味。

口感细腻，入口即化

舒芙蕾芝士蛋糕

| 关键步骤图 |

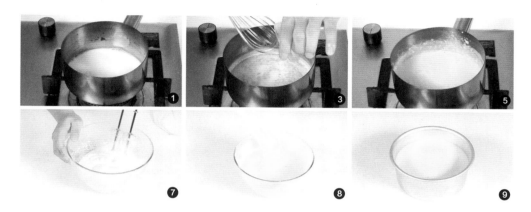

材料 **材料**

芝士200克

黄油45克

蛋黄60克

白糖75克

玉米淀粉10克

蛋白95克

牛奶150毫升

请这样做 **请这样做**

1.将备好的牛奶倒入奶锅中。

2.加入黄油，用搅拌器拌匀，煮至溶化。

3.加入白糖，搅拌至溶化。

4.加入芝士，将其搅拌均匀，煮至溶化。

5.将玉米淀粉、蛋黄加入奶锅中搅拌充分，制成蛋糕糊。

6.玻璃碗中倒入蛋白，加入白糖。

7.用电动搅拌器快速搅拌均匀，打发至呈鸡尾状。

8.将蛋糕糊加入蛋白中，用长柄刮板拌匀，制成蛋糕浆。

9.将蛋糕浆倒入圆形模具中，抹匀表面。

10.预热烤箱，温度调至上、下火160℃，放入圆形模具，烤15分钟至熟。

11.取出圆形模具，稍微放凉，将蛋糕脱模，装盘即可。

| 小贴士 |

牛奶不宜长时间高温蒸煮，易变质。

扫一扫看视频

松软美味，治愈身心

枕头戚风蛋糕

🧑‍🍳 材料

鸡蛋4个　　　　　泡打粉5克　　　　　食用油55毫升

低筋面粉70克　　清水70毫升　　　　细砂糖125克

玉米淀粉55克

| 关键步骤图 |

请这样做

1.取两个玻璃碗，打开鸡蛋，分别将蛋黄、蛋白装玻璃碗。

2.用筛网将低筋面粉、玉米淀粉、2克泡打粉过筛至装有蛋黄的玻璃碗中。

3.用搅拌器将材料拌匀。

4.倒入水、食用油、28克细砂糖，搅拌均匀，至无细粒，成蛋黄面糊。

5.取装有蛋白的玻璃碗，用电动搅拌器打至起泡。

6.倒入97克细砂糖，搅拌匀。

7.将3克泡打粉倒入碗中，拌匀至其呈鸡尾状，成蛋白面糊。

8.用长柄刮板将适量蛋白面糊倒入装有蛋黄面糊的玻璃碗中，搅拌均匀。

9.将拌好的材料倒入剩余的蛋白面糊中，搅拌均匀，制成面糊。

10.用长柄刮板将拌好的面糊倒入圆形模具中。

11.将圆形模具放入烤盘，再放入烤箱中。

12.调成上火180℃、下火160℃，烤25分钟，至其呈金黄色，取出烤盘。

13.案台上铺一张白纸，用小刀沿模具边缘刮一圈。

14.将蛋糕倒在白纸上，去除模具的底部即可。

| 小贴士 |

用牙签插入蛋糕中心后表面干净，说明蛋糕已熟。

欧美风味，香味沁脾

布朗尼斯蛋糕

材料

低筋面粉100克　　小苏打1克　　　细砂糖150克

鸡蛋2个　　　　　可可粉100克　　黑巧克力液适量

泡打粉1克　　　　黄油液125毫升

|关键步骤图|

🔪 请这样做

1.将黄油倒入大碗中，加入细砂糖。

2.用电动搅拌器快速搅匀。

3.加入鸡蛋，快速拌匀。

4.倒入低筋面粉、可可粉、小苏打、泡打粉，搅拌均匀。

5.加入部分黑巧克力液，用长柄刮板搅拌，至其呈糊状。

6.把巧克力糊放入铺有烘焙纸的烤盘里，用长柄刮板涂抹平，即成蛋糕生坯，备用。

7.把生坯放入预热好的烤箱里。

8.关上箱门，以上火180℃、下火160℃烤15分钟。

9.打开箱门，把烤好的蛋糕取出。

10.将蛋糕倒扣在案台上的烘焙纸上。

11.撕掉蛋糕底部的烘焙纸。

12.用刀把蛋糕切成长方块，把蛋糕边缘切齐整。

13.把蛋糕切成小方块。

14.将剩余的巧克力液倒在蛋糕上，用长柄刮板抹匀即成。

|小贴士|

巧克力糊放入烤盘后，可多震动几下，以免烤好的蛋糕有缝隙。

扫一扫看视频

口感轻盈

芬妮蛋糕

材料

黄油160克　　　鸡蛋200克　　　低筋面粉180克　　糖粉60克

细砂糖110克　　蛋黄140克　　　蛋糕油5克　　　　蛋白50克

牛奶45毫升　　　奶粉75克

| 关键步骤图 |

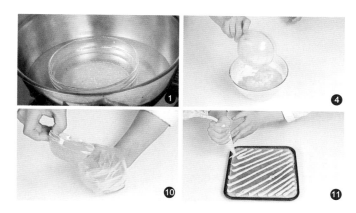

请这样做

1.将牛奶、80克黄油装入玻璃碗中，隔水加热至黄油完全熔化，备用。

2.将鸡蛋、20克蛋黄、细砂糖装入玻璃碗，用电动搅拌器拌匀。

3.加入100克低筋面粉、45克奶粉、蛋糕油，快速搅拌均匀。

4.倒入化开的黄油与牛奶，快速拌匀成面糊。

5.将面糊倒入铺有烘焙纸的烤盘中，用长柄刮板抹匀。

6.将烤盘震平，再放入烤箱，以上火160℃、下火170℃烤20分钟至熟，备用。

7.将80克黄油、糖粉倒入玻璃碗中，电动搅拌器先不开动，稍微搅拌几下。

8.分两次加入蛋白，用电动搅拌器快速搅匀。

9.放入30克奶粉、80克低筋面粉，快速搅匀，即成蛋糕酱，装入裱花袋中，待用。

10.把120克蛋黄拌匀，装入另一个裱花袋中。

11.将装有蛋糕酱的裱花袋尖端剪一个小口，在取出的蛋糕体上挤入蛋糕酱。

12.将装有蛋黄的裱花袋尖端部位剪开一个小口，与蛋糕酱的方向垂直，快速挤入蛋黄，形成网格。

13.将烤盘放入烤箱，温度调为上火160℃、下火170℃，烤5分钟至熟后取出。

14.案台上铺白纸，将蛋糕倒扣在白纸上，撕去底部的烘焙纸，将蛋糕翻面。

15.用蛋糕刀将蛋糕切成小方块，装入盘中即成。

| 小贴士 |

搅拌面粉的力度不要过大，时间不要过长，以免产生筋度，影响蛋糕的口感。

饼干

　　小巧可爱、便于携带的特征让饼干成为极受大众欢迎的食物。饼干脆脆的，入口香甜，不仅外形美，味道尝起来也很好。饼干形状很多，有星星饼干、纽扣饼干，每一款的外形都很漂亮，而且制作起来又不是特别麻烦，好吃好看易于上手。

椰蓉缀满饼干，增添食欲

椰蓉蛋酥饼干

材料

低筋面粉150克

奶粉20克

鸡蛋4克

盐2克

细砂糖60克

黄油125克

椰蓉50克

请这样做

1.将低筋面粉、奶粉搅拌片刻，开窝。

2.加入细砂糖、盐、鸡蛋，在中间搅拌均匀。

3.倒入黄油，将四周的粉覆盖上去，一边翻搅一边按压至面团均匀平滑。

4.取适量面团揉成圆形，在外圈均匀裹上椰蓉。

5.放入烤盘，压成饼状，制成饼干生坯。

6.将烤盘放入预热好的烤箱里，调成上火180℃、下火150℃，时间定为15分钟烤制定型即可。

|小贴士|

揉成圆形的面团尽量大小一致，这样才能受热均匀。

入口即化，香味弥漫

花生奶油饼干

材料

低筋面粉100克

鸡蛋1个

黄奶油65克

花生酱35克

糖粉50克

请这样做

1.操作台上倒低筋面粉，开窝，倒糖粉，加鸡蛋，拌匀。

2.倒入花生酱，拌匀，刮入面粉拌匀，倒入黄奶油，将混合物按压揉制成纯滑面团。

3.将面团揉搓至粗圆条状，用保鲜膜包裹，冷藏30分钟。

4.取出面团，撕去保鲜膜，用刀将面团切成约1厘米厚的圆块，制成饼干生坯。

5.烤盘中放入饼干生坯，预热烤箱，温度调成上、下火180℃。

6.将烤盘放入预热好的烤箱，烤20分钟，取出烤盘即可。

|小贴士|

如果没有买到低筋面粉，可用高筋面粉与玉米淀粉按等比例混合调配。

有海苔又有肉松，让你胃口大开

海苔肉松饼干

材料

低筋面粉150克

黄奶油75克

鸡蛋50克

白糖10克

盐3克

泡打粉3克

肉松30克

海苔2克

请这样做

1.将低筋面粉倒在案台上，用刮板开窝，放入泡打粉，刮匀。

2.加入白糖、盐、鸡蛋，用刮板搅匀。

3.倒入黄奶油，揉搓成面团，加入海苔、肉松，揉搓均匀。

4.裹上保鲜膜，放冰箱冷冻1小时。

5.取出面团，去除保鲜膜，用刀切成15厘米厚的饼干生坯。

6.将饼干生坯放入铺有高温布的烤盘上，放入烤箱，以上、下火160℃烤15分钟至熟即可。

|小贴士|

放入冰箱冷冻一段时间，便于饼干成形。

扫一扫看视频

甜甜的葡萄，淡淡的酒香

朗姆葡萄饼干

102

| 关键步骤图 |

1

2

4

5

材料

黄奶油180克

葡萄干100克

低筋面粉125克

朗姆酒20毫升

糖粉150克

泡打粉3克

请这样做

1.将黄奶油倒入大碗中，快速拌匀，再倒入糖粉，搅拌均匀；将朗姆酒倒入葡萄干中，浸泡5分钟。

2.把低筋面粉、泡打粉过筛至大碗中，用刮板搅拌匀；把拌好的材料倒在案台上，用手按压，揉成面团。

3.将浸泡过的葡萄干放到面团上，按压面团，揉搓均匀，再搓成长条形。

4.用刮板切成大小均等的小剂子，用手揉搓成圆球。

5.把小剂子放入烤盘，再将小剂子压平。

6.将烤盘放入烤箱，以上、下火180℃烤15分钟至熟，取出装盘即成。

| 小贴士 |

用朗姆酒浸泡葡萄干，可以使制作出来的饼干口感更佳。

扫一扫看视频

口感酥脆，香浓诱人

巧克力核桃饼干

关键步骤图

1

2

3

5

材料

核桃碎100克

黄奶油120克

杏仁粉30克

细砂糖50克

低筋面粉220克

鸡蛋100克

黑巧克力液适量

白巧克力液适量

请这样做

1.将低筋面粉、杏仁粉倒在案台上，用刮板开窝。

2.倒入细砂糖、鸡蛋，搅拌均匀；加入黄奶油，将材料混合均匀，揉成面团；放入核桃碎，揉成面团。

3.在面团上撒少许低筋面粉，再压成0.5厘米厚的面皮，再切成长方形面饼，放入烤盘，再放入烤箱中。

4.以上、下火150℃烤约18分钟至熟，从烤箱中取出烤盘。

5.将烤好的核桃饼干一端蘸上适量白巧克力液，另一端蘸上适量黑巧克力液。

6.将做好的核桃饼干装入盘中即可。

|小贴士|

在制作之前，先将杏仁粉过筛，做出来的饼干更好吃。

脆脆的饼干，口感香甜

曲奇饼

材料

奶油100克

食用油100毫升

糖粉125克

清水37毫升

牛奶香粉7克

鸡蛋1个

低筋面粉300克

巧克力100克

请这样做

1.将奶油、糖粉倒入玻璃碗中，用电动搅拌器快速拌匀。

2.倒入30毫升食用油，搅拌片刻。

3.倒入剩余的食用油，边倒边快速拌匀，至其呈白色即可。

4.打入鸡蛋，搅拌均匀。

5.将低筋面粉、牛奶香粉用筛网过筛，加入到玻璃碗中。

6.用电动搅拌器稍微搅拌一会儿，将粉团压碎。

7.用电动搅拌器快速搅拌均匀。

8.倒入适量清水，拌匀。

9.将裱花嘴装入裱花袋中，并将裱花袋的尖端剪掉一小截。

10.用三角铁板将面糊装入裱花袋。

11.在烤盘平铺上锡纸，把面糊挤出各种花式。

12.将烤箱预热，放入烤盘，以上火180℃、下火150℃，烤15分钟，取出，放凉。

13.将巧克力隔水加热，化成巧克力液，用勺子搅匀。

14.把巧克力液蘸到饼干上。

15.待巧克力液稍微干一些，再装入盘中即可。

| 小贴士 |

每次倒入食用油时，一定要搅拌均匀。

扫一扫看视频

可爱小巧，充满童年味道的小饼干

星星小西饼

材料

黄油70克

糖粉50克

蛋黄15克

低筋面粉110克

可可粉适量

请这样做

1.将黄油倒入玻璃碗中，加入糖粉，用电动搅拌器快速搅匀。

2.加入蛋黄，搅匀。

3.倒入低筋面粉，搅拌均匀。

4.加入适量可可粉，搅拌均匀，制成饼干糊。

5.把饼干糊装入套有裱花嘴的裱花袋里。

6.将饼干糊挤在铺了高温布的烤盘上，制成饼干生坯，再放入预热好的烤箱里。

7.关上箱门，以上、下火180℃烤10分钟至熟。

8.打开箱门，取出烤好的饼干，装入盘中即可。

| 小贴士 |

如要口感更纯滑，可将低筋面粉过筛后再用。

娇小迷人，酷似纽扣

纽扣小饼干

材料

低筋面粉160克

鸡蛋1个

盐1克

奶粉10克

糖粉50克

黄奶油80克

请这样做

1.把低筋面粉倒在案台上，加入奶粉，拌匀，用刮板开窝。

2.加盐、糖粉、鸡蛋，用刮板拌匀，倒黄奶油，混合均匀。

3.揉搓成纯滑的面团，再搓成长条状，用刮板切成数个剂子。

4.把剂子压扁，用较大的圆形模具压成圆饼状，去掉边缘多余的面团，再用较小的圆形模具轻轻按压面团。

5.把做好的饼坯放入烤盘，用叉子在饼坯中心处轻轻插一下，制成纽扣饼干生坯。

6.将烤盘放入烤箱，以上、下火均为160℃烤15分钟至熟。

7.取出烤好的饼干，装入盘中即可。

| 小贴士 |

用较小的圆形模具压面团时要轻轻压，以免压到底。

奶香味与橙子味结合，就是好吃

柳橙饼干

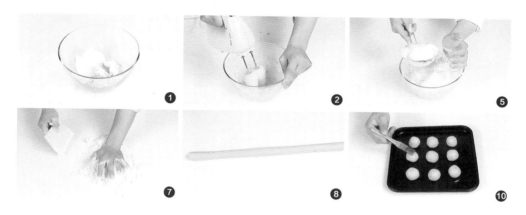

| 关键步骤图 |

① ② ⑤

⑦ ⑧ ⑩

材料

奶油120克

糖粉60克

鸡蛋1个

低筋面粉200克

杏仁粉45克

泡打粉2克

橙皮末适量

橙汁15毫升

请这样做

1.将奶油、糖粉倒入玻璃碗中。

2.用电动搅拌器快速搅拌均匀。

3.倒入鸡蛋的蛋白，快速拌匀。

4.把剩下的蛋黄全部倒入，快速拌匀。

5.将低筋面粉、杏仁粉、泡打粉过筛至玻璃碗中。

6.用刮板将碗中材料搅拌均匀。

7.把搅拌好的材料倒在案台，用手按压材料，揉搓成面团。

8.将适量橙皮末放到面团上，将面团揉搓成细长条。

9.用刮板将面团切出数个小剂子，再搓成圆球，放入烤盘。

10.再刷上橙汁，将烤盘放入烤箱，以上、下火180℃烤15分钟至熟。

11.从烤箱中取出烤盘，将饼干装入盘中即可。

| 小贴士 |

揉面时如果面团粘手，可以撒上适量面粉。

蛋挞

　　瞧着酥脆的蛋挞皮、滑嫩的蛋挞馅，闻着阵阵的香味，就想将蛋挞大吃一口，根本就经受不住诱惑。我们吃的蛋挞，大部分是去甜品店买的。其实制作蛋挞并不难，只要把蛋挞皮与蛋挞馅做好，基本上就可以了。而且，自制蛋挞还能带来无限趣味哦。

充满香醇气息，增进食欲

樱桃椰香蛋挞

材料

糖粉175克

低筋面粉250克

黄油150克

白砂糖100克

鸡蛋2个

椰丝75克

泡打粉2克

食用油75毫升

清水75毫升

吉士粉5克

透明果酱10克

切好的樱桃10克

请这样做

1.将黄油、75克糖粉、白砂糖装入碗中，搅至颜色变白，加1个鸡蛋，搅匀后加110克低筋面粉拌匀，再加115克低筋面粉拌匀，揉成面团。

2.将面团搓成长条，切成小剂子搓圆，蘸上低筋面粉，粘在蛋挞模具上，沿着边缘按紧，制成挞皮。

3.锅中放入水、100克糖粉，用小火煮至溶化，关火后依次倒食用油、椰丝、25克低筋面粉、吉士粉、泡打粉、1个鸡蛋，拌匀，制成椰挞液，装入蛋挞模具中，至八分满，再将挞模放入烤盘中。

4.预热烤箱，以上火180℃、下火200℃，烤17分钟后取出，脱模，放在盘中，用刷子刷上透明果酱，放上切好的樱桃装饰即成。

| 小贴士 |

椰挞液装约八分满，以免烤时膨胀后溢出。

松脆的蛋皮，香甜可口

全蛋蛋挞

| 关键步骤图 |

🍳 材料

鸡蛋4个

细砂糖100克

清水250毫升

蛋挞皮适量

🔪 请这样做

1.在玻璃碗中倒入细砂糖。

2.加入250毫升清水，拌匀后加鸡蛋，搅至起泡，制成蛋液。

3.用筛网将蛋液过滤至量杯中。

4.将量杯中的蛋液倒回玻璃碗，再进行第二次过滤。

5.将蛋液过滤至量杯中即完成两次过滤。

6.将蛋挞皮放入烤盘，把蛋液倒入蛋挞皮内，约八分满即可。

7.打开烤箱，将烤盘放入烤箱中。

8.关上烤箱，以上火150℃、下火160℃烤约10分钟至熟。

9.取出烤盘，把烤好的蛋挞装入盘中即可。

| 小贴士 |

蛋液要多搅拌一会儿，这样做好的蛋挞才会色泽好、口感佳。

咬口草莓，酸甜味尽显

草莓蛋挞

| 关键步骤图 |

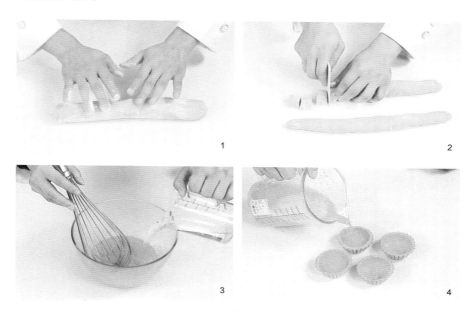

1

2

3

4

🍳 材料

糖粉75克

低筋面粉225克

黄奶油150克

白砂糖100克

鸡蛋5个

凉开水250毫升

草莓少许

🔪 请这样做

1.取一大碗，放入黄奶油、糖粉、1个鸡蛋、低筋面粉，拌匀并揉成面团。

2.将面团搓成长条状，切成30克的一个小面团，搓圆，蘸上低筋面粉，粘在蛋挞模具上，沿着边缘粘紧。

3.将剩下的4个鸡蛋打入碗中，加入白砂糖，用搅拌器搅匀，加入凉开水，再拌匀。

4.用筛网将蛋塔液过筛，再将蛋挞液倒入模具中至八分满。

5.将蛋挞模放入烤盘中，再入烤箱，以上火200℃、下火220℃，烤10~15分钟至金黄色。

6.拿出烤盘，取出蛋挞，摘去模具，放草莓装饰即可。

| 小贴士 |

粘蛋挞皮的时候最好力度均匀，以免烤制出来的成品薄厚不同而影响口感。

小巧玲珑，璀璨夺目

香橙挞

扫一扫看视频

关键步骤图

材料

低筋面粉125克

糖粉25克

黄油40克

蛋黄15克

香橙果膏50克

银珠适量

请这样做

1.将低筋面粉倒在案台上，用刮板开窝，倒入糖粉、蛋黄，搅拌匀。

2.用刮板将材料拌匀，用手和面。

3.加入黄油，慢慢按压，揉搓成面团。

4.将面团切成大小均等的小剂子。

5.把小剂子蘸上糖粉，放入蛋挞模，沿着蛋挞模边缘捏紧。

6.依次将蛋挞模放入烤盘。

7.将烤箱温度调成上、下火170℃，放入烤盘，烤6分钟至熟。

8.取出烤好的蛋挞模，脱模，装盘。

9.在蛋挞中间倒入香橙果膏至满为止。

10.放上适量银珠装饰，即可食用。

小贴士

可以先在蛋挞模里抹一点黄油，这样更易脱模。

香甜滑口，很美味

脆皮葡挞

 材料

低筋面粉220克	细砂糖7克	片状酥油180克	鲜奶油100克
高筋面粉30克	盐1.5克	蛋黄2个	炼奶适量
黄油40克	清水125毫升	牛奶100毫升	吉士粉适量

关键步骤图

请这样做

1.将低筋面粉、高筋面粉混匀，用刮板开窝。

2.倒入5克细砂糖、盐、水，用刮板拌匀，揉搓成光滑的面团。

3.在面团上放上黄油，揉搓成光滑的面团，静置10分钟。

4.将片状酥油用白纸包好，用擀面杖将片状酥油擀平，待用。

5.把面团擀成片状酥油2倍大的面皮，一端放上片状酥油，盖好，折叠成长方块。

6.在案台上撒少许低筋面粉，将包裹着片状酥油的面皮擀薄，对折4次。

7.将折好的面皮放入铺有少许低筋面粉的盘中，放入冰箱冷藏10分钟，将上述步骤重复操作3次。

8.在案台上撒少许低筋面粉，放上冷藏过的面皮，用擀面杖将面皮擀薄。

9.将圆形模具在面皮上压出4块圆形面皮，沿着蛋挞模具边缘捏紧，制成挞皮。

10.将锅置于火上，倒入牛奶、2克细砂糖、炼奶，拌匀，煮沸。

11.倒入鲜奶油、适量吉士粉，搅拌均匀，关火，待其冷却。

12.将冷却的浆液倒入玻璃碗中，加入蛋黄，用搅拌器搅拌均匀，制成葡挞液。

13.把葡挞液过筛两次后倒入量杯，再倒入蛋挞模中，至八分满，放入烤盘中。

14.将烤盘放入烤箱，温度调成上、下火均为220℃，烤10分钟后取出烤盘。

15.将脆皮葡挞脱模，装盘即可。

小贴士

因挞皮受熟会膨胀，所以挞液倒八分满即可。

甜甜蜜蜜，幸福的乐章

蜜豆蛋挞

| 关键步骤图 |

1

2

3

4

🧑‍🍳 材料

清水125毫升

细砂糖50克

全蛋100克

蜜豆50克

低筋面粉75克

糖粉50克

黄奶油50克

蛋黄20克

🔪 请这样做

1.将低筋面粉倒在案台上，用刮板开窝；倒入糖粉、蛋黄、黄奶油，刮入面粉，揉搓成光滑的面团。

2.把面团搓成长条形，用刮板分切成等份的剂子。

3.将剂子放入蛋挞模具里，把剂子捏在模具内壁上，制成蛋挞皮。

4.把鸡蛋倒入碗中，加入水、细砂糖，制成蛋挞水；蛋挞水过两次筛，装回碗中，加入蜜豆，拌匀。

5.蛋挞皮装在烤盘里，逐个倒入蜜豆蛋挞水，装约八分满。

6.把烤箱上、下火均调为200℃，预热5分钟；把蛋挞生坯放入烤箱，烘烤10分钟至熟即可。

| 小贴士 |

蛋挞水不宜装得过满，以免影响成品的外观。

三明治

　　以两片面包夹杂着蔬菜、肉类、奶酪、各种酱料等制作而成的三明治，简单易做，色香味俱全。小小的身板，却夹杂着各种美食，有肉有蔬菜，不仅能一饱口福，还能补充多种营养元素，为你度过元气满满的一天提供充足的能量。

清爽可口，好吃不腻

芝麻贝果培根三明治

材料

芝麻贝果1个

生菜叶2片

西红柿2片

培根1片

黄瓜4片

色拉油适量

沙拉酱适量

请这样做

1.煎锅中倒入适量色拉油烧热，放入培根，煎至焦黄色后盛出。

2.将所有食材置于白纸上。

3.用蛋糕刀将芝麻贝果平切成两半。

4.分别刷上一层沙拉酱。

5.再放上备好的生菜叶、西红柿、培根、黄瓜片。

6.盖上另一块面包，制成三明治。

|小贴士|

生菜叶要沥干水分，否则会影响成品口感。

水果缤纷，清新鲜美

吐司水果三明治

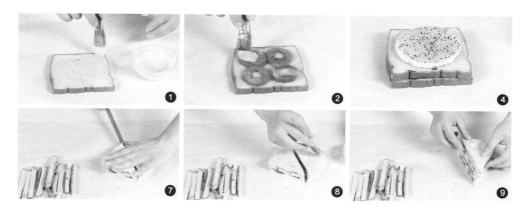

🧑‍🍳 **材料**

火龙果1片

猕猴桃1个

吐司3片

沙拉酱适量

🔪 **请这样做**

1.取一片吐司，刷上沙拉酱。

2.放上猕猴桃，涂抹一层沙拉酱。

3.放上一片吐司。

4.刷上沙拉酱，放上火龙果。

5.抹上沙拉酱，盖上吐司片，三明治制成。

6.用蛋糕刀切去三明治边缘。

7.将三明治沿对角线切开。

8.其中一块三明治表面刷上适量沙拉酱。

9.将另一块三明治叠放在其上方。

10.将叠好的三明治装盘即可。

| 小贴士 |

沙拉酱可多放一些，以中和猕猴桃的酸味。

満満的蔬菜，营养丰富

素食口袋三明治

| 关键步骤图 |

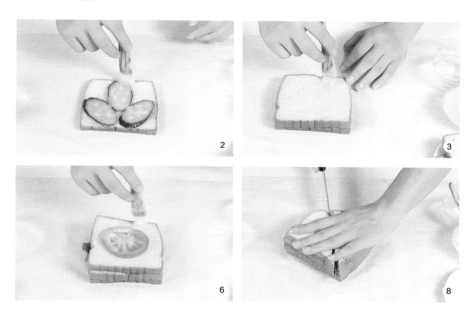

 材料

吐司4片

生菜叶2片

西红柿1片

黄瓜片适量

沙拉酱适量

请这样做

1.取一片吐司，刷上沙拉酱。

2.放上黄瓜片，刷上沙拉酱。

3.放上一片吐司，涂上一层沙拉酱。

4.放上洗净的生菜叶，刷一层沙拉酱。

5.放上吐司，刷上沙拉酱。

6.放上西红柿片，刷少许沙拉酱。

7.盖上一片吐司，三明治制成。

8.用蛋糕刀将三明治切成两个三角状。

9.将切好的三明治装盘即可。

| 小贴士 |

尽量挑和吐司片面积大小相当的生菜叶。

口感美妙，有股浓香味

白芝麻培根三明治

| 关键步骤图 |

材料

白芝麻法棍2个

西红柿2片

黄瓜4片

培根1片

鸡蛋2个

生菜叶2片

色拉油适量

沙拉酱适量

请这样做

1.煎锅中倒入适量色拉油烧热,打入鸡蛋,用小火煎成荷包蛋后盛出。

2.把培根放入煎锅中,煎至焦黄色后盛出。

3.食材置于白纸上,用蛋糕刀把白芝麻法棍切开。

4.分别刷上一层沙拉酱,放上生菜叶、荷包蛋、培根、黄瓜片,再放上西红柿片。

5.将两份面包叠好,制成三明治。

| 小贴士 |

如果想要减少脂肪和热量的摄入,可以多用蔬菜、水果,少用奶酪、培根和奶油等高热量食物。

营养丰富，尝起来有甜蜜感

谷物贝果三明治

| 关键步骤图 |

🧑‍🍳 材料

谷物贝果1个

生菜叶2片

西红柿2片

火腿2片

鸡蛋2个

沙拉酱适量

色拉油适量

🔪 请这样做

1.煎锅中注入适量色拉油烧热，放入火腿片煎至微黄后盛出。

2.锅中加少许色拉油烧热，打入鸡蛋，用小火煎成荷包蛋。

3.将准备好的食材置于白纸上，用蛋糕刀将谷物贝果切成两半。

4.分别刷上一层沙拉酱，放上生菜叶、荷包蛋，刷一层沙拉酱，加入火腿片，刷上沙拉酱。

5.放上西红柿片，盖上另一块面包即成。

| 小贴士 |

也可根据自身喜好，选用草莓酱或苹果酱等酱料代替沙拉酱。

零食

　　在这个到处都是"吃货"的年代，不了解各类零食的小吃货就对不起自己的肚子了。泡芙、布丁、甜甜圈等零食，既能撩动味蕾，满足食欲，制作还不麻烦，保证满足你对零食的美好幻想。零食好吃，自己制作也充满趣味性，试一试就知道啦。

外脆内软，一流的口感

奶油泡芙

🎩 材料

牛奶110毫升

清水35毫升

黄油55克

低筋面粉75克

盐3克

鸡蛋40克

植物奶油适量

糖粉适量

🏷 请这样做

1.在奶锅中倒入牛奶、水，搅至沸腾后，加黄油，搅至溶化。

2.加入盐，拌匀，关火后倒入低筋面粉，搅拌均匀，制成面团。

3.将搅拌好的面团倒入容器中，分次加入鸡蛋，用电动搅拌器打匀，装入裱花袋中，剪出一个口。

4.在烤盘上依次挤上面糊，放入烤箱内，以上火190℃、下火200℃，烤20分钟至其变得松软，取出。

5.将植物奶油倒入容器中，用电动搅拌器打至呈凤尾状，装入裱花袋中，用剪刀在尖端剪出一个小口。

6.在泡芙底部戳一个小洞，挤入植物奶油，筛上糖粉即可。

| 小贴士 |

用拇指戳泡芙时不要用太大力气，以免戳穿。

炎炎夏日，吃一口会很满足

冰激凌泡芙

材料

低筋面粉75克

黄奶油55克

鸡蛋2个

牛奶110毫升

清水75毫升

糖粉适量

冰激凌适量

请这样做

1.锅置火上，倒入清水、牛奶、黄奶油，用三角板拌匀，煮沸，关火后放入低筋面粉，拌匀，制成面团。

2.将面团倒入玻璃碗中，用电动搅拌器搅拌一下，将鸡蛋逐个倒入玻璃碗中，搅拌匀，制成面糊。

3.把面糊装入裱花袋中，取铺有高温布的烤盘，将裱花袋尖端剪去，均匀地挤出九份面糊。

4.用上火170℃、下火180℃，将面糊烤10分钟至熟。

5.取出烤盘，将烤好的泡芙装入盘中，再把泡芙切一刀，但不切断；填入冰激凌，并将糖粉过筛至冰激凌泡芙上即可。

| 小贴士 |

在制作面糊时，鸡蛋分次倒入，可以更容易搅拌均匀。

有着淡淡的清香，浪漫可爱

红茶布丁

🍳 材料

红茶包2袋

牛奶410毫升

细砂糖80克

鸡蛋1个

蛋黄4个

🏷 请这样做

1.奶锅中倒入200毫升牛奶，用大火煮开。

2.放入红茶包，转小火略煮一会儿，取出红茶包后关火。

3.将蛋黄、鸡蛋、细砂糖倒入玻璃碗中，用搅拌器拌匀。

4.倒入剩余的牛奶，快速搅拌均匀。

5.用筛网将拌好的材料过筛两遍。

6.倒入煮好的红茶牛奶，拌匀，制成红茶布丁液。

7.将红茶布丁液倒入量杯中，再倒入牛奶杯内。

8.把牛奶杯放入烤盘，在烤盘上倒入清水后，放进烤箱。

9.用上火170℃、下火160℃，约烤15分钟后取出烤盘即可。

| 小贴士 |

烤盘中的水不要加得太少，以免布丁烤焦。

带有焦糖味的厚重感，甜而不腻

焦糖布丁

材料

蛋黄2个

全蛋3个

牛奶250毫升

香草粉1克

细砂糖250克

冷水适量

请这样做

1.奶锅置小火上，倒入200克细砂糖，注入适量冷水，用搅拌器拌匀，煮约3分钟，至材料呈琥珀色。

2.关火后倒出材料，装牛奶杯冷却约10分钟，至糖分凝固。

3.取玻璃碗，倒入全蛋、蛋黄、50克细砂糖，撒上香草粉。

4.搅匀后，注入牛奶，并搅拌至糖分完全溶化，制成蛋液。

5.将蛋液用筛网过筛两遍，滤出颗粒状杂质。

6.取牛奶杯，倒入蛋液至七八分满，制成焦糖布丁生坯，放入烤盘中，再在烤盘中倒入少许清水，并放入烤箱中。

7.以上火175℃、下火180℃的温度，约烤15分钟至熟即可。

| 小贴士 |

煮焦糖时要不停地晃动锅，以免产生煳味。

甜中带有丝丝苦涩，恋爱中的味道

古典巧克力

材料

蛋清250克

白糖85克

牛奶67毫升

黄油150克

巧克力150克

可可粉适量

糖粉适量

清水20毫升

请这样做

1.玻璃碗中倒入牛奶、水、可可粉，用搅拌器搅拌匀。

2.加入黄油，搅匀，放入巧克力，搅匀。

3.另取一个玻璃碗，倒入蛋清、白糖，用电动搅拌器打发至呈鸡尾状。

4.倒入搅拌好的黄油和巧克力中，用长柄刮板搅匀，倒入圆形模具中，放在烤盘上。

5.将烤盘放入烤箱，以上、下火170℃烤30分钟。

6.取出，脱模，装入盘中，撒上适量糖粉即可。

|小贴士|

食用前，可将古典巧克力放凉，然后撒上糖粉，口感会更好。

鲜红草莓点缀，人见人爱

草莓派

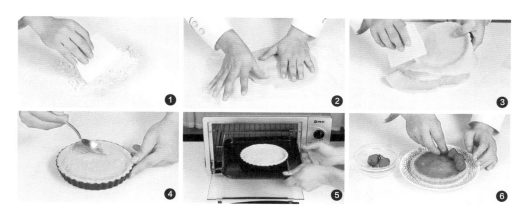

材料

低筋面粉200克

牛奶60毫升

黄奶油150克

细砂糖55克

杏仁粉50克

鸡蛋1个

草莓100克

蜂蜜适量

请这样做

1.将低筋面粉、细砂糖、牛奶、黄奶油混合拌匀，和成面团。

2.用保鲜膜将面团包好，压平，放入冰箱冷藏30分钟；取出面团，撕掉保鲜膜，压薄。

3.取一个派皮模具，盖上底盘，放上面皮，沿着模具边缘贴紧，切去多余的面皮。

4.将细砂糖、鸡蛋、杏仁粉、黄奶油容器中，搅拌至糊状，制成杏仁奶油馅，倒入模具内，至五分满。

5.把烤箱温度调成上火180℃、下火180℃；将模具放入烤盘，再放入烤箱中，烤约25分钟。

6.取出烤盘，放置片刻，去模，将烤好的派皮装入盘中；沿着派皮的边缘摆上草莓，刷适量蜂蜜即可。

| 小贴士 |

可以先用叉子在派皮上插几个小洞，再放入烤箱，以免派皮破裂。

蜜意浓浓，唤醒你的食欲

苹果派

材料

低筋面粉200克

牛奶60毫升

黄奶油150克

细砂糖55克

杏仁粉50克

鸡蛋1个

苹果1个

蜂蜜适量

淡盐水适量

请这样做

1.将低筋面粉、细砂糖、牛奶、黄奶油混合揉搓成面团；用保鲜膜包好，压平，放入冰箱冷藏30分钟。

2.取出面团，撕掉保鲜膜，压薄；取派皮模具，放上面皮，沿着模具边缘贴紧，切去多余的面皮，再压紧。

3.将细砂糖、鸡蛋倒入容器中，快速拌匀；加入杏仁粉、黄奶油，搅拌至糊状，制成杏仁奶油馅。

4.将洗净的苹果切块，去核，再切成薄片，放入淡盐水中，浸泡5分钟。

5.将杏仁奶油馅倒入模具内，将苹果片摆放在派皮上；倒入适量杏仁奶油馅，放进冰箱冷藏20分钟。

6.放入烤箱，以上、下火180℃烤30分钟，将苹果派脱模后装入盘中，刷上蜂蜜即可。

| 小贴士 |

苹果切成薄片后，用盐水浸泡，可以防止它变黑。

松软甜蜜，充满热恋气息

甜甜圈

材料

高筋面粉250克

酵母4克

奶粉15克

黄油35克

纯净水100毫升

细砂糖50克

蛋黄25克

糖粉适量

食用油适量

请这样做

1.将高筋面粉、酵母、奶粉倒在案台上，用刮板搅拌均匀，开窝。

2.倒入细砂糖、蛋黄，拌匀。

3.加入纯净水，拌匀，用手按压成形。

4.放入黄油，揉至表面光滑。

5.用擀面棍把面团擀薄擀平。

6.用甜甜圈模具在面团上进行压制，制成数个甜甜圈生坯。

7.放入盘中，静置至其发酵至2倍大。

8.煎锅中注油烧热，放入甜甜圈生坯，小火炸至两面金黄。

9.捞出炸好的材料，装盘待用。

10.取筛网，将适量糖粉筛在甜甜圈上即成。

|小贴士|

用模具压制的时候，要以旋转的方式，这样可以使甜甜圈表面更光滑。

PART 3
轻松愉快的温馨茶会

随着生活节奏的加快，我们时刻绷紧神经，在工作与家庭中奔波。倘若这时有场茶会，定会让我们身心愉悦。本章将介绍中式茶会、儿童茶会、闺蜜茶会等各种主题茶会，每种茶会都配有茶与食物，让聚会与美食疗愈身心吧！

茶会知识小课堂

茶会缘起

从饮茶文化的发源来讲，最早学会喝茶品茶的人，是以茶文化著称的中国人。随着时间的发展，单一的品茶逐渐发展成独特的茶会。

据说，在很久以前，南昌人就开始摆茶铺、开茶庄。江南茶馆众多，但其中数南昌茶馆数量最多，规模最大。为了增添热闹氛围，吸引更多的茶客，从而扩大生意，茶馆老板还会请说书艺人、弹唱艺人等。茶客聚集在茶馆中，品茶、谈天、听书。

近年来，一些茶馆逐渐恢复，它们是退休老人比较喜欢的场所。但是，随着时代的发展，中西文化的不断碰撞，中式茶会逐渐现代化，而且更多的是担当传递感情载体的角色。

在众多茶会中，其中最具有代表性的便是英式下午茶，它已经发展成为英国的一种既定习俗的文化方式。

中国的红茶于1660年传入欧洲的荷兰和葡萄牙，而英国人的饮茶习惯则始自1662年。关于下午茶的由来，说法众多，但是它的起源莫不因皇室贵族而起。下午茶最开始是在上流社会流行起来的，成为一种风尚，随后逐渐普及到平民阶层。

最初，下午茶只是贵族家庭成员用高级、精致的茶具享用茶点，后来渐渐地演变成招待友人的社交茶会，进而

衍生出各种繁复的礼节，但随着时间的发展，茶会趋于平民化，其形式已经简化不少。虽然英式下午茶现在已经简单化，但是正确的泡茶方式、优雅的喝茶姿势、丰盛的茶点，这三点却被视为喝茶的传统而流传下来。

英国人最喜欢的下午茶时间，多集中在下午3点半到5点半。那种优雅的氛围往往可以让人们感受到心灵的祥和与家庭式的温暖，从而缓解一天的疲劳。此外，除了大吉岭红茶、伯爵茶、奶茶外，随着时间的推移，一些在早期上不得台面的加味茶也逐渐被人们所接受，这令下午茶在普通民众中流传得更为广泛。

随着时间的推移、生活水平的提高，人们对于茶会的需求也变得多样化，各种主题的茶会便应运而生，例如"早午餐茶会""儿童茶会""闺蜜茶会"等。茶会上的好茶与美食深深地诱惑着我们，但是千万不要只顾着吃，也要通过茶会来放松心情，增进与家人、朋友等之间的感情哦！

茶会的礼仪

事实上，茶会并不是一种单纯的喝茶活动，它之所以盛行，更重要的原因在于茶会将志同道合的朋友聚集在一起，为他们分享知识、交流感情提供了平台。茶会一般在休息日举行，虽说和家人朋友的聚会可以轻松随意，但是如果了解一些在茶室或下午茶派对里应有的礼仪会更好。下面将介绍一些茶会餐桌礼仪。

要选择好自己要喝的茶

茶会一般人比较多，每个人的口味都有所不同，通过菜单你要决定好自己喝什么茶。茶端上来后，有的茶需要添加一些调味剂，一般情况下，服务员会问你要不要加入调味剂。此时，你可以说"放在旁边就可以"或者"请帮我加入吧"。自己添加调味剂时注意不要碰到茶杯，且需将调味剂搅拌均匀。

喝茶时一定不要发出响声

喝茶时发出声音、拿茶杯时小拇指往上翘，这些都是不礼貌的。此外，当觉得茶会主办方家用的茶杯非常漂亮时，千万不要通过转动茶托等方式来翻看茶杯用的是什么牌子，这样做是很失礼的。你可以对茶会主办方说"哇，您家的茶杯好漂亮"等，以此切入话题，自然而然他会主动告诉你用的是什么牌子的茶杯。

按照顺序来享用茶点

就英式下午茶而言，茶点是被放在三层架上的，第一层放三明治，第二层放传统的英式点心，第三层则放蛋糕及水果塔等甜食。茶点的食用顺序应该遵从味道由淡而重、由咸而甜的法则，一般按照三明治、司康饼、蛋糕这个顺序来享用的。

由于三明治已经被切成三角形或者长条形，两三口便能吃完，所以可以直接享用，不需要拿刀子重新切。享用三明治时，可以用手将其掰成两半，然后根据个人口味，抹上奶油或果酱再吃。一般奶油或果酱在吃的时候才涂上去，这样更符合礼仪。

选择合适的着装

茶会为人们交流知识、情感等提供了"桥梁"，现在我们都喜欢轻松愉悦的茶会氛围，大都喜欢穿休闲装参加茶会。实际上，正装出席才是参加茶会的礼仪。当然，我们是可以根据茶会的氛围等选择合适的着装。倘若打算去英国旅游，可以准备一套正装，说不定有机会受邀参加高级英式下午茶派对呢。

花样茶会

中式茶会

　　谈起中式茶会，脑海中的第一印象便是喝茶嗑瓜子。但事实上，中式茶会并不是这样的，茶会中的桂花糕、绿豆糕等点心非常精致，喝茶也非常讲究。此外，茶与点心的搭配也很考究，搭配口诀是"甜配绿、酸配红、瓜子配乌龙"。

清新脱俗，软糯细腻

绿豆糕

材料

带皮绿豆220克

黄油30克

白砂糖70克

蜂蜜适量

芝麻油适量

请这样做

1.提前将带皮绿豆泡1个小时，把泡好的绿豆放入锅中煮一会儿，直到绿豆开花，锅内汤汁只剩少量为止。

2.将煮好的绿豆和汤汁一起倒入搅拌机中，搅拌成绿豆泥。

3.把绿豆泥放入锅中，加黄油、白糖、蜂蜜，用小火翻炒。

4.当绿豆泥混合物炒至快要成团时，倒入芝麻油，再翻炒一会儿，直到成团且没有水分即可。

5.先将绿豆混合物盛出放凉，再将其分成一个个小圆团。

6.将小圆团放入模具中，压成绿豆糕，冷藏1个小时即可。

|小贴士|

如果不嫌麻烦，可以对搅拌后的绿豆泥进行过筛，但是用搅拌机多打一会儿，口感一样细腻。

晶莹剔透，美味爽口

桂花糕

材料

糯米粉130克

澄面粉55克

色拉油20毫升

砂糖60克

清水200毫升

糖桂花适量

请这样做

1.取1个大杯子，倒入清水与砂糖，搅至砂糖完全溶于水中。

2.加入色拉油，继续搅拌，使得色拉油与水完全相合。

3.将糯米粉和澄面粉用小筛子慢慢筛入，并搅拌至无颗粒。

4.取1个方铁盘，在铁盘内侧刷上一层色拉油。将步骤3中调好的混合物倒入方铁盘中，轻轻摇晃铁盘震出混合物里的气泡后，再将混合物静止40分钟左右。

5.40分钟后，包上保鲜膜，放入锅中约蒸30分钟。蒸好后，去掉保鲜膜，晾一会儿，再移置冰箱冷藏1小时左右。

6.将冷藏好的混合物拿出，脱模切成块，淋上糖桂花即可。

|小贴士|

切小块时，可以先在刀上淋凉开水，这样可以防止粘刀。

杏绿青碧，清澈明亮

西湖龙井

🌿 材料

西湖龙井6克

☕ 请这样泡

1.用热水烫洗玻璃杯，倒掉热水。

2.用茶匙把茶叶拨入玻璃杯中。

3.将温水倒入杯中至七分满，使茶芽舒展后将水倒掉。

4.倒入75~85℃的温水，冲泡茶叶即可。

|小贴士|

西湖龙井不宜用沸水冲泡，否则会将茶叶烫熟，从而影响茶叶的色泽、口味等。

英式下午茶

　　英式下午茶总是给人一种神秘的感觉，三层架上的点心不仅好吃，而且非常精致。当三层架端上桌子时，处处弥漫着一种高贵、诱人的气息。慢慢品尝三层架上的食物后，才能体会到美食的强大治愈力，心情也会跟着美丽起来。

简单易上手，营养满满

鸡蛋三明治

🍳 **材料**

鸡蛋2个

面包片2片

黄瓜1根

火腿1根

食盐适量

沙拉酱适量

🏷 **请这样做**

1.先将鸡蛋煮熟，剥掉蛋壳，切成小块，再捣碎。

2.黄瓜洗净切丁，火腿切丁。

3.将捣碎的鸡蛋、黄瓜丁、火腿丁混合，加入适量盐与沙拉酱，并充分搅拌。

4.取1片面包片，把混合物放在面包片上，用勺子将混合物压严实后，盖上另1片面包片，切去四边，沿着对角线切开即可。

| 小贴士 |

鸡蛋搅碎一点黏稠度会高些，方便切片。

有鱼有蔬菜，一饱口福

金枪鱼三明治

🧑‍🍳 **材料**

金枪鱼罐头50克

酸黄瓜40克

芹菜15克

红椒7克

黄椒7克

西红柿30克

生菜10克

吐司面包20克

黄油6克

沙拉酱10克

盐4克

黑胡椒3克

🔪 **请这样做**

1.取出金枪鱼肉，用勺子将鱼肉碾碎。

2.酸黄瓜、芹菜、红椒、黄椒洗净，然后分别切成小碎丁。

3.西红柿切薄圆片；生菜用手撕成一片吐司面包片的大小。

4.将碾碎的鱼肉和切好的酸黄瓜丁、芹菜丁、红椒丁、黄椒丁放入大碗中，加入沙拉酱、盐、黑胡椒碎，并充分搅拌制成金枪鱼酱。

5.将烤箱预热到150℃左右，放入吐司面包片烤5分钟左右。烤好后，在面包片上抹上黄油，放上生菜叶、西红柿圆片。

6.抹上金枪鱼酱，盖上另1片面包片即可。

| 小贴士 |

金枪鱼搭配蔬菜可根据自身喜好选择，但是尽量选择水分较少的食材。

没有花哨的外表，但味道也很好

脆皮泡芙

| 关键步骤图 |

材料

细砂糖120克

黄油100克

低筋面粉150克

鸡蛋2个

牛奶100毫升

清水65毫升

高筋面粉65克

奶油适量

请这样做

1.锅置于电磁炉上，烧热，倒入牛奶、水、细砂糖、黄油，煮至沸腾，关火。

2.筛入低筋面粉、高筋面粉，充分搅拌。

3.稍凉后，加入鸡蛋再充分搅拌，制成泡芙浆。

4.取裱花袋，将做好的泡芙浆盛入，装好后剪开袋底，待用。

5.烤盘中平铺上锡纸，慢慢地挤入泡芙浆，呈宝塔状即可。

6.烤箱预热，放入烤盘，以上火190℃、下火200℃烤约20分钟至材料熟透。

7.断电后取出烤盘，将烤熟的脆皮泡芙摆在盘中，切开，挤上适量奶油装饰即可。

| 小贴士 |

制泡芙浆时趁热加高筋面粉，这样搅拌会更轻松。

柔软绵密，口感细腻

棉花蛋糕

|关键步骤图|

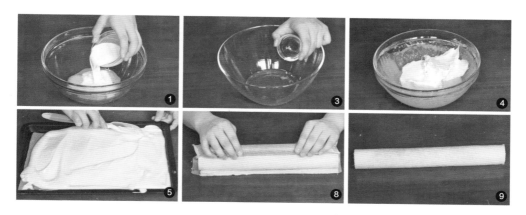

材料

低筋面粉90克

牛奶90毫升

蛋白85克

细砂糖30克

蛋黄100克

盐少许

请这样做

1.将蛋黄、细砂糖、牛奶倒入碗中，用打蛋器打发均匀。

2.筛入低筋面粉，搅拌均匀。

3.取一个干净玻璃碗，将盐、细砂糖、蛋白倒入，用电动打蛋器打发。

4.把蛋白部分取1/2倒入蛋黄混合物中，搅拌后，再将剩余蛋白全部倒入，充分搅拌。

5.在烤盘铺一张烘焙纸，倒入蛋黄蛋白混合物，抹匀。

6.把烤盘放入烤箱，用上、下火150℃烤20分钟至熟，取出。

7.在案台上铺一张白纸，将烤盘倒扣在白纸上，撕去粘在蛋糕上的烘焙纸。

8.用木棍将白纸卷起，把蛋糕慢慢卷成卷，静置5分钟。

9.去掉白纸，将蛋糕两边切平整，再切成小块，装盘即可。

|小贴士|

搅拌时要保证容器干净，以免影响口感。

黄色的小身板，出乎意料的好味道

蔓越莓司康

材料

黄油55克

细砂糖50克

高筋面粉250克

泡打粉17克

牛奶125毫升

蔓越莓干适量

低筋面粉50克

蛋黄1个

请这样做

1.将高筋面粉、低筋面粉、泡打粉和匀，开窝；倒入细砂糖和牛奶，放入黄油。

2.搅至材料完全融合在一起，再揉成面团；把面团铺开，放入蔓越莓干，揉搓一会儿。

3.覆上保鲜膜包好，擀成约1厘米厚的面皮，冷藏半个小时。

4.取冷藏好的面皮，撕去保鲜膜，用模具按压，制成数个蔓越莓司康生坯。

5.将生坯放在烤盘中，刷上一层蛋黄液；烤箱预热，放入烤盘。

6.以上、下火180℃的温度烤至食材熟透，取出烤盘即成。

| 小贴士 |

保鲜膜最好要封紧，这样冷冻好后，面皮才更容易压出生坯。

奶味浓厚，美妙享受

英式奶茶

🍃 材料

阿萨姆红碎茶8克

清水300毫升

牛奶适量

☕ 请这样泡

1.将沸水倒入茶壶中，盖上盖子温一会儿茶壶。

2.将茶壶中的水倒掉，放入阿萨姆红碎茶，然后倒入沸水，盖上盖子，闷4分钟左右。

3.取一个温好的茶壶，放上茶叶过滤网，把闷好的茶倒入。

4.把过滤好的茶倒入以沸水温过的茶杯中，然后倒入牛奶，搅拌均匀即可。

| 小贴士 |

牛奶最好在冰箱里提前拿出放置一下，或者是用热水温好奶壶后，再倒入，这样才不会影响茶的口感。

早午餐茶会

　　一般情况下，早午餐茶会是在休息日举行。茶会就餐时间也比其他茶会久，往往是从早上10点到下午3点，不过也可以根据自身情况来定时间。

　　早午餐茶会是与朋友联系感情的好时候，忙碌了一周，邀请朋友参与茶会，闲暇的周末时光就在各自分享近况中悠然度过。

金黄诱人，好吃极了

鸡蛋饼

🧑‍🍳 材料

鸡蛋80克

面粉150克

葱花10克

盐适量

食用油适量

清水适量

🏷 请这样做

1.将鸡蛋打入碗中，加盐拌匀。

2.加入面粉，倒入适量的水，至浓稠度适中。

3.放入葱花，搅拌均匀。

4.将食用油放入锅中，倒入面糊。在鸡蛋饼未成型前，慢慢转动锅底，成圆形即可。

|小贴士|

锅中食用油不宜放太多，否则面糊下锅后，还没来得及转动锅底就会成型，难以做出漂亮的饼形。

鲜嫩翠绿,口感爽脆

生菜面包沙拉

材料

全麦面包90克

生菜100克

沙拉酱20克

圣女果10克

盐适量

请这样做

1.生菜洗净,撕成大片。

2.全麦面包切小块。

3.圣女果洗净,对半切。

4.将处理好的全麦面包、生菜、圣女果放入盘中,撒上少许盐,再淋上沙拉酱拌匀即可食用。

|小贴士|

如果想吃得更清淡,可以减少盐的放入量。

酸甜有味，味道十足

苹果茶

材料

大吉岭二摘茶叶8克

苹果40克

砂糖少许

请这样泡

1.苹果洗净，对切去子后切成薄片。

2.取1/2的苹果薄片，把砂糖撒在苹果薄片上。

3.用沸水将茶壶预热，倒掉沸水，放入茶叶与另外1/2的新鲜苹果片，倒入开水，焖煮3分钟左右。

4.另取一个茶壶，以沸水预热后，在茶壶里放上过滤网，倒入焖煮好的茶水，过滤掉茶水与苹果片。

5.取茶杯，放入用砂糖腌渍好的苹果片，倒入过滤好的茶水即可。

| 小贴士 |

尽量选择表皮红、艳丽，新鲜饱满的苹果，使用放久了的苹果会影响茶的味道。

儿童茶会

童年是一首美丽的歌，无忧无虑，单纯而美好。

小孩子聚在一起总是充满欢声笑语，快乐的时光当然需要美食相伴。

汉堡包、巧克力等美食像是有一种魔力，对小孩子总是充满诱惑力。

欢乐儿童茶会是陪伴孩童快乐成长的小伴侣，小时候，我总渴望能来一场这样的茶会。

金黄小巧，小朋友的最爱

蛋香小饼干

🥣 材料

低筋面粉100克

蛋白105克

蛋黄45克

细砂糖60克

🔖 请这样做

1.将蛋白和细砂糖倒入玻璃碗中，搅拌均匀。

2.分次加入蛋黄、低筋面粉，用长柄刮板拌匀。

3.把拌好的材料装入裱花袋，挤压均匀。

4.裱花袋剪去一个小口，将材料挤入铺有烘焙纸的烤盘，制成数个圆形饼干生坯。

5.打开烤箱，将烤盘放入烤箱中。

6.关上烤箱，以上、下火均为160℃，烤约10分钟至熟。

|小贴士|

将面糊挤在烤盘上时，用力要均匀，以免有结口。

巧克力奶油麦芬蛋糕

| 关键步骤图 |

🧑‍🍳 材料

全蛋210克

低筋面粉170克

泡打粉8克

盐3克

糖粉100克

可可粉8克

色拉油5毫升

牛奶60毫升

打发植物鲜奶油80克

🔪 请这样做

1.把全蛋倒入碗中，加糖粉、盐，搅匀，加入泡打粉、低筋面粉，搅成糊状，加入牛奶、色拉油，搅成蛋糕浆。

2.将蛋糕浆装入裱花袋里，用剪刀剪开一小口。

3.将植物鲜奶油倒入碗中，加入可可粉，用长柄刮板拌匀，把可可粉奶油装入套有裱花嘴的裱花袋里。

4.把蛋糕浆挤入烤盘蛋糕杯中，装约八分满。

5.将烤箱上火调为180℃，下火调为160℃，预热5分钟。

6.打开烤箱门，放入蛋糕生坯，关上烤箱门，烘烤15分钟至熟。

7.取出烤好的蛋糕，逐个挤上可可粉奶油，装盘即可。

| 小贴士 |

烤焙时的温度转变要慢慢进行，转变得过快会破坏蛋糕的结构，导致蛋糕开裂。

花生燕麦与巧克力碰撞，味道独特

花生燕麦巧克力片

🧑‍🍳 材料

黑巧克力100克

燕麦片10克

花生碎10克

🏷️ 请这样做

1.将黑巧克力放入锅中隔水加热，待巧克力全部融化后关火。

2.将黑巧克力液倒入盘子中，撒上燕麦片，再撒上花生碎，放入冰箱冷冻3分钟。

3.取出冷冻好的巧克力，用三角铁板切成若干小块即成。

|小贴士|

加热巧克力时，可以经常搅拌，能缩短融化的时间。

干水果茶

材料

阿萨姆红茶包12克

蓝莓干8克

葡萄干8克

树莓干8克

杏子干8克

请这样泡

1.将阿萨姆红茶包、蓝莓干、葡萄干、树莓干、杏子干装入茶壶中，倒入沸水后，闷2分钟左右。

2.捞出茶包，把含有各种水果干的茶水倒入茶杯中即可享用。

| 小贴士 |

水果干在使用前，用热水淋一下，口感会更好。

闺蜜茶会

　　小时候，我们渴望长大，总觉得长大了就可以做自己想做的事。当真正长大，才发现生活本就是由一件件做不完的琐事构成，越长大烦恼也越多。幸运的是，在成长中我们总会遇见一些"闺中密友"。在繁忙琐碎的日常之外，偷得半日闲，邀上好友一起享受惬意的茶会时光，烦恼也随之抛向九霄云外。

红中泛白，可爱美丽

玫瑰花茶

材料

玫瑰花10克

请这样泡

1.取玫瑰花放入杯中，冲入1/3杯80℃热水。

2.盖上盖子，静置5分钟后即可饮用。

|小贴士|

喝不完的玫瑰花茶还可以用来敷脸，美容养颜。

口感丰富，松软美味

芒果慕斯蛋糕

| 关键步骤图 |

材料

消化饼干60克

黄油20克

淡奶油200克

吉利丁粉5克

细砂糖15克

芒果350克

请这样做

1.先用料理机将消化饼干打碎，然后用微波炉将黄油加热至融化，再将打碎后的消化饼干与黄油充分搅拌。

2.将搅匀的消化饼干碎铺在蛋糕模具的底部，压实后冷藏。

3.取1/2的芒果，用料理机将芒果打成泥，加入吉利丁粉。

4.将芒果泥用小火慢慢加热，并不停搅拌使得吉利丁粉快速溶解。吉利丁粉溶解后，将芒果溶液盛起，放置一边放凉备用。

5.把淡奶油装入碗中，加入细砂糖，并用电动打蛋器快速打发，打至五六成发，出现明显纹路。

6.将芒果溶液与淡奶油混合后搅拌均匀，制成芒果慕斯液。

7.取剩下的1/2芒果切小丁，将其放入制好的芒果慕斯液中。

8.将芒果慕斯液倒入蛋糕模具中，冷藏5小时以上即可。

| 小贴士 |

芒果慕斯蛋糕制好后，可以在顶层撒上一些芒果丁，这样看起来更有食欲。

软绵绵的，口感超好

红豆戚风蛋卷

 材料

蛋黄5个	低筋面粉70克	食用油55毫升	打发的植物鲜	果胶适量
清水70毫升	玉米淀粉55克	蛋白5个	奶油适量	椰丝适量
细砂糖125克	泡打粉2克	塔塔粉3克	红豆粒适量	

| 关键步骤图 |

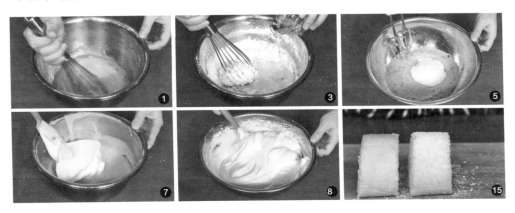

🏷️ **请这样做**

1.将蛋黄、食用油倒入容器中，用搅拌器拌匀。

2.用筛网将低筋面粉、玉米淀粉、泡打粉筛至容器中，用搅拌器搅拌均匀。

3.依次将清水、28克细砂糖加入容器中拌匀，制成蛋黄面糊。

4.将蛋白倒入另一个容器中，用电动搅拌器打至起泡。

5.倒入97克细砂糖，快速打发。

6.加入塔塔粉，用电动搅拌器快速打发至鸡尾状，成蛋白面糊。

7.取一部分蛋白面糊倒入搅拌好的蛋黄面糊中，搅拌均匀。

8.再将搅拌好的材料加入到余下的蛋白面糊里，搅拌均匀。

9.倒入铺好烘焙纸的烤盘中，抹匀，均匀地撒上红豆粒。

10.将烤箱预热，放入烤盘，以上火180℃、下火160℃烤20分钟，取出，放凉。

11.从烤盘取出烤好的蛋糕，翻面，放在白纸上，撕去上面的烘焙纸，再翻面。

12.用抹刀将蛋糕表面均匀地抹上适量打发的植物鲜奶油。

13.把白纸的一端往上提，用木棍轻轻地往外卷起来，将蛋糕卷成蛋卷。

14.切除两端不平整的地方，再切成均匀的三等份。

15.刷上适量果胶，再粘上适量椰丝，装入盘中即可。

| 小贴士 |

卷好的蛋卷轻轻地压一下，以免蛋卷散开。

细碎砂糖点缀，甜甜的更好吃

圣诞牛奶薄饼干

🧁 材料

食用油50毫升

细砂糖50克

肉桂粉2克

纯牛奶45毫升

低筋面粉275克

全麦粉50克

红糖粉125克

🔪 请这样做

1.将低筋面粉、全麦粉、肉桂粉倒在案台上，用刮板开窝。

2.倒入细砂糖、纯牛奶，用刮板拌匀。

3.倒入红糖粉，拌匀。

4.加入食用油，将材料混合均匀，揉搓成面团。

5.用擀面杖将面团擀成0.5厘米厚的面皮。

6.将边缘切齐整，用量尺对齐，切出数个小方块。

7.把生坯放在铺有高温布的烤盘里，在生坯上扎小孔。

8.把烤箱调为上火160℃、下火160℃，预热8分钟。

9.将生坯放入烤箱里，烤20分钟至熟即可。

| 小贴士 |

牛奶不宜加太多，否则饼干生坯不易成型。